KB102948

우주 덕후 사전

우주 덕후 사전
❷ 덕후력 강화

초판 1쇄 발행 2019년 7월 15일
초판 3쇄 발행 2022년 1월 20일

지은이 이광식

펴낸이 양은하
펴낸곳 들메나무 출판등록 2012년 5월 31일 제396 – 2012 – 0000101호
주소 (10446) 경기도 파주시 와석순환로 347, 218–1102호
전화 031) 941 – 8640 팩스 031) 624 – 3727
이메일 deulmenamu@naver.com

값 15,000원 © 이광식, 2019
ISBN 979 – 11 – 86889 – 19 – 0 04440
       979 – 11 – 86889 – 17 – 6 (세트)

21세기는 우주 덕후들의 시대

우주덕후사전

이광식 지음

②
덕후력
강화

들메나무

우주에 좀 더 가까워지려는 이들에게
이 책을 바친다.

제 마음속에 품었던 씨앗을
옮겨 심고자 합니다

> 지혜로운 사람은 모든 땅에 갈 수 있으니,
> 훌륭한 영혼에게는 온 우주가 조국이기 때문이다.
>
> ◆ **데모크리토스** | 고대 그리스의 철학자

저는 '우주 덕후'입니다.

제가 우주 덕후의 길을 걸어야겠다고 마음을 굳힌 것은, 이대로 정신없이 일만 하고 살다가 어느 날 갑자기 우주로 떠난다면 너무 억울할 것 같다는 생각에 생업을 접고 강화도 퇴모산으로 들어간 후부터였습니다.

'덕후들의 용어'로 표현하면 그때 비로소 '덕밍아웃'을 한 셈입니다. 그 이전에는 한국 최초의 천문 잡지인 〈월간 하늘〉을 창간해 3년여 발행하기도 했습니다.

저는 많은 사람들에게 '우주 이야기'로 말을 걸길 원했습니다. 하지만 대부분의 사람들은 제 이야기를 귀 기울여 듣지 않았습니다. 쓸모없어 보인다는 이유 때문입니다.

이젠 시대가 달라졌습니다.
우리에게 우주는 더 이상 쓸모없는
이야기가 아닙니다. _____

저에게 우주 덕후의 씨앗을 처음 심어준 사람은 스무살 청년이던 큰형님이었습니다. 저는 그때 고작 열 살 남짓한 소년이었고요. 저는 형님이 심어준 씨앗을 마음속에 소중히 간직하며 살았습니다.

제가 꾸준히 책을 쓰고 강의를 하러 다니는 것도 제 마음에 품었던 그 씨앗을 누군가의 마음에 다시 옮겨주고 싶기 때문입니다. 우리의 마음과 마음이 그렇게 연결된다면, 우리가 바라보는 저 우주와도 보다 가깝게 연결될 것입니다. 그것은 제가 가장 바라는 일입니다.

그렇다면 저는 왜 '우주 이야기'를 퍼뜨리지 못해 안달이 난 걸까요? 그것은 체험의 강렬함 때문입니다. 내가 살고 있는 이 동네 바깥으로 광대하고 놀라운 세계가 펼쳐져 있다는 것을 아는 순간, 우리의 삶은 그 이전과는 어떤 의미로든 같지 않다는 것을 저는 강렬하게 체험했기 때문입니다.

그만큼 우주를 알기 전의 나와 그 후의 나는 분명 다릅니다. _____

하지만 모든 지혜의 문은 지식의 터널을 건너는 곳에 자리합니다. 무지한 상태에서 지혜를 얻을 순 없습니다. 저는 우주가 주는 한량없는 지혜를 얻기 위해서는 지식의 터널을 기꺼이 건너가야 한다고 생각합니다.

이 책은 저와 같이 '우주 덕후'의 길을 가고 싶은 사람들을 위해 준비되었습니다. _____

우리가 사는 태양계, 우리은하, 별과 성운, 빅뱅과 블랙홀, 우주의 생과 종말 등, 우주에 관한 가장 핵심적인 사항인 '우주 에센스 200개'를 엄선해 질문도 하고 대답도 합니다.
책은 쉽습니다. 제가 어려운 이야기를 싫어하기 때문입니다.

사실 아무리 좋은 이야기라도 어려운 이야기를 듣는 것은 고역입니다.

구글보다 못한 책은 만들고 싶지 않았기에,
최근의 연구 성과를 모두 뒤지고
최신 사진 자료를 활용했습니다.
모든 것을 최적화하고 싶은 욕심이 있었습니다.

또한 차 안에서든, 여행지에서든, 어디를 가든 늘 손에 들고 다니면서 부담없이 읽을 수 있었으면 하는 바람이 있었습니다. 어느 쪽을 펴고 어디를 읽어도 좋습니다. 마음 가는 대로 따라가세요. 모쪼록 이 책이 덕후의 길로 진입하는 데 좋은 안내자가 되길 원합니다. 덕후들의 세상은 아름답습니다.

● 강화도 퇴모산에서 지은이 씀

차례

모든 별들은 음악 소리를 낸다
- 별의 진화

별과 별 사이를 들여다본다
- 성운과 성단

chapter 3

영어 이름이 갤럭시라
일반인에게도 친숙하다
- 은하와 은하수

chapter 4

2019년에 블랙홀 사진을 처음 찍다

chapter
5

– 블랙홀과 화이트홀

요즘 심심한 우주
– 우주와 우주론

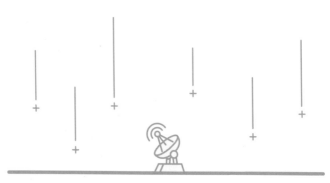

chapter 7

우주를 열망한다면 우주로 이끄는 모든 것을 사랑하라

– 우주여행과 외계인

우리가 꿈꾸는 신비가 숨어 있다

별과 별자리

이 우주는 우리의 등장을 미리 알고
있었던 것 같다.

| 프리먼 다이슨 • 미국의 물리학자 |

1 별과 모래, 어떤 게 더 많은가요?

A 우주에 관해 가장 많이 듣는 논쟁의 하나다. 과연 지구의 모래와 우주의 별은 어떤 게 더 많을까? 놀랍게도 지표에 있는 모든 모래알 수보다 우주의 별이 더 많다는 천문학자의 계산서가 나와 있다.

온 우주의 별을 다 계산한 사람들은 호주국립대학의 사이먼 드라이버 박사와 그 동료들이다. 이들은 우주에 있는 별의 총수는 7×10^{22}(700해) 개라고 발표했다. 이 숫자는 7 다음에 0이 22개 붙는 수로서, 7조 곱하기 1백억 개에 해당한다.

온 우주에 있는 은하의 수는 약 2,000억 개 정도로 알려져 있으니까, 평균으로 치면 한 은하당 약 3,500억 개의 별을 가지고 있는 셈이다. 우리은하의 별 수는 약 4,000억 개라니 평균에 약간 웃도는 셈이다.

온 우주의 별 수인 700해라는 숫자의 크기는 어떻게 해야 실감할 수 있을까? 어른이 양손으로 모래를 퍼담으면 그 모래알 숫자가 약 8백만 개 정도 된다. 그렇다면 해변과 사막의 면적을 조사하면 그 대강의 모래알 수를 얻을 수 있는데, 계산에 의하면 지구상의 모래알 수는 대략 10^{22}(100해) 개 정도로 나와 있다고 한다.

따라서 우주에 있는 모든 별들의 수는 지구의 모든 해변과 사막에 있는 모래 알갱이의 수인 10^{22}개보다 7배나 많다는 뜻이다. 이 우주에 그만한 숫자의 '태양'이 타오르고 있다는 말이다. 그것들을 1초에 하나씩 센다면 1년이 약 3,200만 초니까, 자그마치 2천조 년이 더 걸린다. 기절초풍할 숫자임이 틀림없다. 그런데 호주팀이 센 이 엄청난 별의 숫자는 물론 별을 하나하나 센 것이 아니라, 강력한 망원경을 사용해 하늘의 한 부분을 표본검사해서 내린 결론이다.

드라이버 박사는 우주에는 이보다 훨씬 더 많은 별이 있을 수 있지만, 7×10^{22}이라는 숫자는 현대의 망원경으로 볼 수 있는 우주의 지평선 안에 있는 별의 총수라고 한다. 별의 실제 수는 거의 무한대일 수 있다고 그는 덧붙였다. 우주는 인간의 상상력을 초월할 정도로 너무나 크기 때문에 우주 저편에서 출발한 빛은 아직 우리에게 도착하지 못했기 때문이다.

2 별에게도 계급이 있다면서요?

A 별의 계급을 등급이라 한다. 이 계급은 밝기에 따라 붙여진다. 밝기 순으로 1등성, 2등성, 3등성… 하는 식으로 별의 등급을 제일 먼저 붙인 사람은 기원전 2세기경 고대 그리스의 천문학자 히파르코스(BC 190~120)였다.

히파르코스는 별의 밝기에 따라 6개 등급으로 분류했다. 눈으로 보았을 때 가장 밝은 별을 1등급, 가장 어두운 별을 6등급으로 정한 후, 그 사이의 별들을 2~5등급으로 나누었다. 이 등급은 300년 후 프톨레마이오스에 의해 약간 개선된 후 줄곧 사용돼오다가, 17세기 초 망원경이 발명되어 6등급 이하의 어두운 별까지 볼 수 있게 되자 보다 과학적인 방법으로 등급을 손질할 필요성이 생겼다.

1856년 영국 천문학자 노먼 포그슨은 1등성의 밝기는 6등성의 밝기의 100배와 같다는 윌리엄 허셜의 발견을 재확인하여 등급을 정량화했다. 이에 따르면, 5등급의 차는 100배의 밝기에 대응하므로, 1등급의 차는 약 2.5배 밝기 차에 해당하는 것을 알 수 있다. 곧, 2.5^5은 100이다. 이를 근거로 현대 천문학에서는 6등급을 1등급보다 100배 어두운 별로 정의한다.

하지만 실제 별 관측에서는 1등성보다 밝은 별들도 모두 1등성에 포함시켜, 온 하늘에서 가장 밝은 −1.5등성 시리우스도 1등성으로 친다. 고대 이집트에서는 해 뜨기 전 이 별이 뜨면 곧 나일강의 범람이 시작된다는 것을 알았다고 한다.

▶ 고대 그리스의 천문학자 히파르코스. 별의 등급을 제일 먼저 붙인 사람이다. (wiki)

이 같은 등급의 정량화는 맨눈으로 보이지 않는 어두운 별이나 1등성보다 훨씬 밝은 천체에 대해서도 등급을 매길 수 있게 되었다. 1등성보다 밝기가 2.5배가 될 때마다 0등성, −1등성, −2등성이라는 식으로 나타낼 수 있게 된 것이다. 그리하여 금성은 −4.7등성, 목성은 −2.8등성, 보름달은 −12등성의 밝기를 가진 것으로 나온다.

이렇게 맨눈으로 측정했을 때의 별의 밝기 등급을 겉보기등급 또는 실시등급이라 하는데, 별의 거리와는 상관없는 밝기다. 별의 밝기를 정한 등급도 절대등급이 아니라 겉보기등급이다. 절대등급은 항성의 본래 밝기이며, 지구로부터 10파섹*의 거리에 두었다고 가정했을 때의 밝기다. 예컨대 태양의 절대등급은 4.8등급, 겉보기등급은 −27등급이라는 식이다.

참고로, 남북 온 하늘에 1등성은 21개 있는데, 밝기가 −1.5에서 1.3까지 폭을 가지고 있다. 그중 정확히 1등성 밝기 값을 가진 별은 처녀자리의 스피카와 거문고자리의 베가다.

---

* 천문학에서 사용하는 거리의 단위로, 기호는 pc. 지구에서 6개월의 시차를 두고 관측했을 때 연주시차(年周視差)가 각거리로 1"(초)인 곳까지의 거리를 의미한다. 1파섹은 3.26광년, 206,265AU, 약 30조km다.

A 6등성까지가 맨눈으로 관측 가능하니까, 온 하늘에서 6등성까지의 별의 개수를 세어보면 된다. 먼저 1등성이 21개, 2등성이 48개, 3등성이 171개, 4등성이 513개, 5등성이 1,602개, 6등성이 4,800개로, 모두 합한 7,100개가 맨눈으로 볼 수 있는 별의 개수가 된다. 하지만 우리는 하늘의 반만 볼 수 있으므로, 그 반인 약 3,500개의 별을 볼 수 있다는 계산이 나온다.

그러나 이것은 이론적인 수치일 뿐 실제로는 지평선 부근의 별은 잘 안

▶ 우주에서 본 한반도의 밤. 남녘은 최악의 빛공해, 북녘은 캄캄한 밤이다. 2015년 9월 국제우주정거장 승무원 스콧 켈리가 찍었다. 로이터 통신이 '올해의 사진'으로 선정. (NASA–JSC/ M. Justin Wilkinson, Jacobs)

보이므로, 보이는 별은 대략 2,500개 정도 된다. 단, 빛공해가 거의 없는 남미의 아타카마 사막 같은 곳에서의 얘기다. 요즘처럼 불야성을 이루는 서울 같은 대도시에서는 1, 2등성 몇 개를 볼 수 있는 것이 고작이다. 어두운 도시근교나 시골 같은 곳이라면 3등성까지 수백 개 정도 볼 수 있을 것이다. 우리나라에서 1년 동안 밤하늘에서 볼 수 있는 1등성의 개수는 17개다. 맨눈으로 볼 수 있는 가장 가까운 별은 리길 켄트(센타우루스자리 알파별)로, 거리는 4.4광년이다.

참고로, 우리나라가 이탈리아와 함께 세계에서도 빛공해가 가장 심한 나라 중의 하나다. 구미 선진국들은 이미 야간조명을 최소화하고 빛을 우주로 발산시키지 않는 법적 조치를 취하고 있지만, 우리나라는 이제 겨우 발걸음을 떼고 있는 형편이다. 그래서 별지기들도 점점 더 깊은 산속으로, 오지로 내몰리고 있는 실정이다.

별의 이름은 누가 붙였나요?

A 유명한 별들의 이름은 대개 아랍어나 라틴어로 되어 있다. 따라서 고대 로마인과 아랍인들이 그런 별들의 이름을 붙였다는 것을 알 수 있다.

지구상 어디든 문명이 출발한 곳에는 별이 반짝이고 있었다. 옛사람들은 별들이 천구*에 붙어서 영구히 움직이지 않는 것을 보고는 죽은 자나 신

---

* 천체관측자를 중심으로 한 반지름이 매우 큰 가상의 구체(球體)로, 하늘에 있는 모든 천체들은 2차원 구면인 천구의 안쪽 벽에 붙어 있는 것으로 간주한다.

의 영혼으로 여겨 영원히 사는 존재라고 생각하고 신앙했다. 그리고 별을 보고 방위를 알고 계절을 가늠했다.

기원전 3000년경에 만들어진 메소포타미아 지역의 표석에는 양·황소·쌍둥이·게·사자·처녀·천칭·전갈·궁수·염소·물병·물고기자리 등, 태양과 행성이 지나는 길목인 황도黃道를 따라 배치된 12개의 별자리, 즉 황도 12궁을 포함한 20여 개의 별자리가 기록되어 있다. 그들은 또 1년이 365일하고도 1/4일쯤 길다는 것도 알고 있었다.

고대 천문학자들은 항성을 별자리에 따라 묶었고, 이를 이용하여 행성과 태양의 움직임을 예측했다. 그리고 하늘의 별을 기준으로 태양의 움직임을 관측하여 태양력을 만들어서 농경에 이용했다.

서기 2세기경 프톨레마이오스(AD 83년경~168년경)란 알렉산드리아 사람이 고대 이집트와 그리스 천문학을 몽땅 수집해 천동설을 기반으로 하여 체계를 세운 〈알마게스트〉란 책을 세상에 내놓았다. '알마게스트'란 '최고의 책'이란 뜻으로, 후세 아랍의 학자들이 존경의 마음을 담아 붙인 이름이다. 여기에는 북반구의 별자리를 중심으로 48개의 별자리가 실려 있고, 이 별자리들은 그후 15세기까지 유럽에서 널리 알려졌다.

유럽이 기독교 세계관의 입맛에 맞는 〈알마게스트〉에 안주하면서 천문학에 별다른 진전을 보이지 못하고 있는 동안, 아랍 세계의 천문학은 일찍이 받아들인 유럽 천문학을 바탕으로 눈부신 발전을 거듭했다. 영국 물리학자 스티븐 호킹은 기독교가 천동설을 좋아한 이유는 천구의 바깥으로 천국과 지옥을 배설한 너른 공간이 있기 때문이라고 해석한 바 있다.

---

* 지구의 공전에 의해 하늘에서 해가 한 해 동안 지나는 것처럼 보이는 길. 황도는 지구의 공전궤도면과 천구가 만나는 커다란 원이며, 하늘의 적도와 약 23.5도 기울어져 있다.

약 9세기 초에는 이슬람 지역에 최초의 천문대가 등장했다. 964년에는 페르시아 천문학자 알 수피가 안드로메다 은하를 발견했으며, 역사상 기록된 가장 밝은 초신성인 SN 1006도 이집트 출신 아랍 천문학자인 알리 이븐 리드완과 중국의 천문학자들에 의해 1006년에 관측되었다. 당시 이슬람 천문학자들은 많은 별에 아랍어 이름을 붙였고, 그중 많은 수가 오늘날까지도 널리 쓰이고 있다. 북두칠성 손잡이 첫 별인 알

▶ 천동설의 우두머리 클라우디오스 프톨레마이오스. 천동설의 교과서 〈알마게스트〉를 썼다. (wiki)

카이드처럼 별 이름 앞에 '알Al'이 붙어 있으면 아랍어 이름이라 보면 된다. 이슬람 학자들은 또 항성의 위치를 관측하고 예측할 수 있는 천문 관측기구들을 다수 발명하기도 했다.

망원경이 발명된 이후인 17세기 별자리의 이름을 그 구역 안의 별 이름 앞에 붙이게 되었다. 독일 천문학자 요한 바이어는 성도星圖를 만들고 각 별자리 구역 내에 있는 별의 밝기 기준으로 그리스 문자 α, β, γ 등을 차례로 붙였다. 그 뒤 영국 천문학자 존 플램스티드는 아라비아 숫자를 이용하여 플램스티드 명명법을 개발했고, 이후 여러 성표가 작성되면서 다양한 항성목록 분류법이 개발되었다. 고유 이름은 유명 별들만 갖고 있을 뿐, 대다수의 별들은 이들 명명법에 따라 별자리 이름에 붙은 문자와 숫자로 불릴 따름이다.

오늘날 과학계에서 항성이나 다른 천체에 이름을 붙일 권한이 있는 기관은 국제천문연맹(IAU)뿐이다. 현재 여러 기업체가 별 이름을 짓는 과정을 잘 모르는 시민을 상대로 돈을 받고 별에 이름을 붙이게 해준다고 광고

음력과 양력은 어떻게 다를까?

달이 차고 기우는 주기를 기준으로 하여 만든 달력을 음력, 또는 태음력이라 한다. 그런데, 이런 달력에는 심각한 문제가 있다. 달의 주기는 평균 29.53일 정도로 날짜가 딱 떨어지지 않는다. 이런 이유로 달의 주기를 이용한 음력은 한 달의 길이로 29일과 30일을 번갈아 사용하는 게 보통이다.

지구가 태양을 한 바퀴 도는 데 걸리는 시간, 즉 1년의 길이는 약 365일이다. 음력을 여기에 맞추려면 30일과 29일을 번갈아 사용하여 모두 12달을 만들면 되는데, 이렇게 하면 365 − 6 × (30+29)=11일의 차이가 생긴다. 이게 해마다 쌓이면 계절과 달력 날짜가 맞지 않게 되어, 봄에 태어난 사람의 생일이 여름이 되는 수가 있다. 그래서 19년마다 일곱 번씩 윤달을 넣어 바로잡는다.

이에 비해 양력, 또는 태양력은 태양의 운행을 기준으로 만든 달력이다. 1년을 365일로 하고, 이것을 30일로 이루어진 12달과 연말에 5일을 더하는 식으로 만든 달력이다. 4년에 한 번씩 하루를 더 넣어 윤년을 만들었다.

우리가 흔히 잘 쓰는 24절기는 태양의 운행에 맞춰 1년을 24등분해서 만든 거다. 음력만 쓰던 옛날, 달력 날짜와 계절이 잘 안 맞는 단점을 보완하기 위한 것인데, 말하자면 양력의 축소판이라 할 수 있다.

하고 있지만 거의 사기성이니 속지 말기 바란다. 예전 미국의 한 회사가 마음대로 별 이름을 지어 붙이게 해준다면서 별 한 개당 48달러를 받고 50만 개나 별 분양 사기극을 벌이다가 소비자 단체에 의해 고발된 적이 있다. 이들은 돈을 받으면 해당 별이 표시된 천체지도 한 장을 건네주었다고 한다.

천체에 붙여진 우리말 이름들을 들자면, 시리우스는 늑대별, 알타이르(견우성)는 짚신할아비, 베가(직녀성)는 짚신할미, 금성은 샛별, 개밥바라기, 플레이아데스 성단은 좀생이별, 북두칠성 국자 끝의 별 두베는 해모수별, 은하수는 미리내 등이다.

5 온 하늘에는 1등성이 몇 개나 있나요?

A 온 하늘에 있는 1등성은 22개다. 단, 밤하늘로 한정한다면 21개다. 태양 역시 아침에 뜨는 별이기 때문이다. 보통 1등성이라 하면, 1등성보다 밝은 -1등~1.5등 미만의 별을 포함해서 말한다.

21개의 1등성 중 우리나라에서 볼 수 있는 것은 17개 정도 된다. 남십자자리의 알파, 베타별은 볼 수 없고, 두 번째로 밝은 별 용골자리의 카노푸스는 제주도에서 겨우 볼 수 있을 정도다. 이 별은 노인성이라는 별명을 갖고 있는데, 옛 기록에 따르면, 남부 지역에서 이 별을 보았을 경우 나라에 그것을 고하도록 했으며, 매우 경사스러운 징조로 여겼다. 예로부터 이 별을 보면 장수한다는 말이 있어서 그렇다. 제주도에 가면 꼭 한 번씩 보기 바란다. 이 별은 약 12,000년 뒤에는 남극성이 된다.

아래 21개의 별은 태양 다음으로 밝은 순서대로 줄 세운 것이다. 괄호 안은 밝기다. 온 하늘의 별자리가 88개인데. 1등성이 21개뿐이라는 것은 1등성을 가진 별자리가 1/4도 안된다는 뜻이다. 더욱이 남반구의 센타우루스자리와 남십자자리, 북반구의 오리온자리는 1등성을 2개씩이나 갖고 있으니, 하늘에도 불평등이 심한 편이다.

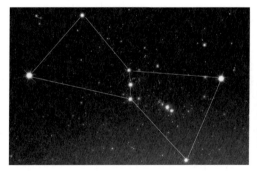

▶ 1등성을 두 개씩이나 갖고 있는 오리온자리. 왼쪽 붉은 별 베텔게우스와 오른쪽 흰 별 리겔이 1등성. 강화도 강서중학교에서 촬영. (사진/권우태)

❶ 시리우스(-1.4) 큰개자리 알파별 ❷ 카노푸스(-0.6) 용골자리 알파 ❸ 리길 켄트(-0.3) 센타우루스자리 알파(알파 센타우리) ❹ 아르크투루스 (0.0) 목자자리 알파 ❺ 베가(0.0) 거문고자리 알파 ❻ 카펠라(0.1) 마차부자리 알파 ❼ 리겔(0.2) 오리온자리 베타 ❽ 프로키온(0.4) 작은개자리 알파 ❾ 아케르나르(0.5) 에리다누스자리 알파 ❿ 베텔게우스(0.5) 오리온자리 알파 ⓫ 하다르(0.6) 센타우루스자리 베타(아게나) ⓬ 알타이르(0.8) 독수리 자리 알파 ⓭ 아크룩스(0.8) 남십자자리 알파 ⓮ 알데바란(0.9) 황소자리 알 파 ⓯ 안타레스(1.0) 전갈자리 알파 ⓰ 스피카(1.0) 처녀자리 알파 ⓱ 폴룩 스(1.2) 쌍둥이자리 알파 ⓲ 포말하우트(1.2) 남쪽물고기자리 알파 ⓳ 베크 룩스(1.3) 남십자자리 베타(미모사) ⓴ 데네브(1.3) 백조자리 알파 ㉑ 레굴루 스(1.3) 사자자리 알파.

6 북극성은 정말 움직이지 않나요?

A북극성은 밤새 아주 조금 움직인다. 0.7도만큼. 북극성의 고도가 89도 15분이기 때문이다. 밤새 북쪽 하늘을 도는 별들의 움직임을 찍어놓은 일주사진을 보면 무수한 별들의 궤적인 동심원의 중심에 자리잡 고 있는 별이 바로 북극성이다.

태양 다음으로 인류에게 가장 친숙한 별 북극성(Pole Star)은 지구 자전축 을 연장했을 때 천구의 북극에서 만나는 별이다. 한국·중국에서는 북신北 辰이라고 한다. 2등성인 북극성은 지난 2000년 동안 북극에 가장 가까운 휘 성輝星으로, 오랜 옛날부터 항해자들에게 친근한 길잡이가 되어주었고, 육 로 여행자에게는 방향과 위도를 알려주는 별이었다.

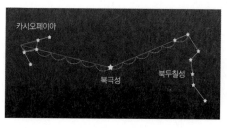

▶ 북두칠성과 카시오페이아자리를 이용해 북극성을 찾는 법.

북극성이 가장으로 등록되어 있는 작은곰자리는 북극성을 포함한 7개의 별로 이루어진 별자리로, 북두칠성을 큰 국자로 비유할 때 작은 국자로 비유된다. 그리스 신화에서는 큰곰자리와 함께 하늘로 올라간 새끼곰의 하나라고 한다. 이 작은곰자리 알파별로 폴라리스Polaris라는 영어 이름을 가진 북극성은 길잡이별이 되기에 여러 가지 좋은 조건을 갖추고 있다.

첫째, 천구 북극에서 불과 1도 떨어져 작은 반지름을 그리며 일주운동을 하고 있다는 점, 2.5등성으로 비교적 밝은 별이라는 점을 들 수 있고, 또 무엇보다 하늘의 화살표인 카시오페이아와 북두칠성이 북극성을 가리키고 있어 찾기 쉽다는 점이다. 북두칠성은 큰곰자리 꼬리의 일곱 별로 모두 2등성이 넘는 밝은 별들이다. 북두칠성으로 북극성을 찾는 방법은, 국자 모양의 끝부분 두 별의 선분을 5배 연장하면 북극성에 닿게 된다.

북극성을 찾을 수만 있다면 지구상 어디에 있든 자신의 위치를 가늠할 수 있다. 북극성을 올려본각이 바로 그 자리의 위도인 것이다. 예컨대 필자가 사는 강화도에서 북쪽 하늘의 북극성을 바라본다면 약 38도쯤 된다. 따라서 강화의 위도는 북위 38도이고, 동서남북을 알 수 있게 되는 것이다.

북극성의 진면목을 좀 살펴본다면, 놀라지 마시라. 밝기가 태양의 2천 배인 초거성이자 동반별 두 개를 거느리고 있는 변광성이다. 북극성까지의 거리는 약 430광년이다. 오늘밤 당신이 보는 북극성의 별빛은 조선의 임진왜란 때쯤 출발한 빛인 셈이다.

북극성이란 사실 일반명사다. 지금부터 5천 년 전 피라미드를 만들었던 때는 용자리 알파별인 투반이 북극성이었다. 지구의 세차운동 탓에 지구 자전축이 조금씩 이동한 때문이다. 지구의 자전축은 우주공간에 확실히 고정되어 있지 않고 약 26,000년을 주기로 조그만 원을 그리며 빙빙 돈다. 지금 북극성도 조금씩 천구 북극에서 멀어져가고 있어, 약 8,000년 뒤에는 백조자리 1등성인 데네브가 그 자리를 이어받을 것이며, 약 12,000년 뒤에는 거문고자리 알파별인 베가(직녀성)가 북극성으로 등극할 거라 한다.

2008년 2월 4일, 미항공우주국(NASA)은 창립 50주년을 기념해 비틀즈의 히트곡인 '우주를 넘어서(Across the Universe)'를 북극성을 향해 쏘아보냈다. 이 노래는 존 레논이 작곡한 것으로, NASA 국제우주탐사망의 거대한 안테나 3대를 통해 동시에 발사되었다.

'현자여, 진정한 깨달음을 주소서'라는 레논의 염원을 담은 이 노래는 빛의 속도로 날아가 약 420년 후에 북극성에 도착할 것이다. 약 10년 전 일이니까 지금쯤은 총여정의 2%쯤 날아갔겠다.

7 칠월 칠석에 정말 견우 – 직녀성이 만나나요?

A견우성은 독수리자리의 알타이르, 직녀성은 거문고자리의 베가를 가리킨다. 이 두 별에 얽힌 견우 – 직녀의 설화를 모르는 사람은 없을 것이다. 그런데 이 설화는 우리 것이 아니라 삼국시대 때 중국에서 건너온 것이다.

중국 주나라 때 두 별의 움직임을 관찰했으며, 매년 칠월칠석이 되면 두 별이 은하수를 가운데 두고 그 위치가 매우 가까워진다는 기록이 있는데, 여기에서 설화가 생겨나 한나라 때에 이르러 한울님의 딸 직녀와 그 낭군인 견우가 1년에 한 번 은하수를 건너 만난다는 이야기가 전한다.

우리나라에는 고구려 고분벽화인 평양 강서 덕흥리 고분에 견우-직녀가 그려져 있으며, 경북 지방에는 견우-직녀를 짚신장수 영감과 수수떡 할멈으로 바뀌어 전하고, 민간설화로는 칠월칠석날 까막까치가 다리를 놓아주어서 이날이 지나면 새들의 머리가 벗겨진다는 오작교烏鵲橋 이야기가 구전돼오고 있다.

그런데 옛사람 눈에는 여름밤 은하수를 사이에 두고 밝게 빛나는 견우-직녀성이 서로 가까워지는 것처럼 보였던 모양이지만, 사실 두 별은 전혀 가까워지지 않고 있다. 두 별 사이의 실제 거리는 16광년으로, 가장 빠른 로켓으로 달린다 하더라도 무려 30만 년은 걸리는 거다. 다만 두 별 사이를 흐르는 은하수를 강으로 본 옛사람들의 눈에는 밝게 빛나는 1등성 두 개가 서로 가까워지는 듯이 보여 그런 설화를 엮어냈을 것이다.

견우-직녀를 사이에 두고 또 하나 아름다운 별자리가 눈에 띈다. 바로 은하수 위를 훨훨 날아가고 있는 우아한 백조의 모습이다. 백조의 몸통을 이루는 삼각형이 금방 눈에 띄는데, 몸에서 길게 뻗어나온 백조의 머리에 알비레오라는 3등성이 견우-직녀 사이에서 아름답게 빛나고 있다.

백조의 꼬리에 있는 알파별 데네브는 밤하늘에서 20번째로 밝은 1등성으로, 거문고자리의 베가, 독수리자리의 알타이르와 함께 여름의 대삼각형을 이룬다. 그 주변으로는 용, 헤라클레스, 세페우스, 카시오페이아, 안드로메다, 페가수스, 돌고래, 뱀꼬리, 뱀주인, 방패, 전갈, 궁수, 남쪽왕관의 별자리들이 휘황하게 둘러싸고 있다.

참고로, 알타이르는 아랍어로 '나는 독수리'라는 의미로, 고대 바빌로니아와 수메르 사람들이 알타이르를 독수리별로 부른 데서 연유한 것으로 보인다. 5천 년 전 고대인들도 오늘날 우리처럼 밤하늘에서 알타이르와 베가별을 바라보았다는 뜻이다. 그러니 은하수로 갈라져 있는 견우-직녀성을 보고 두 연인이 만나지 못함을 한탄할 필요는 없다. 저처럼 은하수가 흐르는 여름 밤하늘의 아름다운 풍경을 오래도록 보여주고 있으니까.

8 대체 별자리는 누가 만들었을까요?

A 옛날 사람들 중 틀림없이 밤잠을 잘 안 잤던 사람들이었을 것이다. 그렇다. 별자리의 원조는 옛날 중근동 아시아에서 짐승들을 지키기 위해 밤에 잠 안 자고 보초 서던 목동들이다. 5천 년 전쯤 저 근동의 티그리스 강과 유프라테스 강 유역에서 양떼를 기르던 유목민 칼데아인*이 바로 그 주인공이다.

한 5천 년 전쯤 옛날, 양떼를 지키기 위해 드넓은 벌판 한가운데서 밤샘하던 사람들이 무슨 할 일이 있었겠나. 캄캄한 밤중에 마을 처녀 생각하는 것도 하루 이틀이지, 만고에 할 일 없이 심심하던 차에 눈에 들어오는 거라곤 밤하늘의 별들뿐이었던 게다. 게다가 요즘처럼 빛공해도 매연도 없는 칠흑 하늘이라 총총한 별들이 손에 잡힐 듯했을 거고, 그래서 더욱 감동 먹었을 것이다.

그렇게 별밭에서 노닐다 보니 특별히 밝게 반짝이는 별들이 눈에 띄었고, 그 별들을 따라 죽죽 선분으로 잇다 보니 눈에 익은 꼴이 더러 나올 게 아닌가. 직업은 못 속인다고, 그래서 별자리 이름을 보면 염소니, 황소니,

---

* 칼데아는 바빌로니아 남부를 가리키는 고대의 지명이며, 셈족의 한 종족인 칼데아인이 아시리아에 저항해 BC 613년 칼데아(신바빌로니아)제국을 세웠다.

양이니 하는 짐승 이름들이 대세가 되었다. 처녀자리는 예외지만.

어쨌든 유목민들은 매일 밤 이런 놀이를 하다 보니 뜻하지 않게 천문학 개론을 독학하는 결과를 가져왔다. 저녁 무렵 동녘에 오리온자리가 떠오르면 곧 겨울이 오리란 걸 알게 되었다. 이렇게 천문학은 아마추어에서 시작되었던 것이다. 그들이야말로 최초의 진정한 별지기이자 아마추어 천문가의 원조였다. 기원전 3000년경에 만들어진 이 지역의 표석에는 양, 황소, 쌍둥이 등, 태양과 행성이 지나는 길목인 황도를 따라 배치된 12개의 별자리, 즉 황도 12궁을 포함한 20여 개의 별자리가 새겨져 있다. 그들은 또 1년이 365일하고도 1/4일쯤 길다는 것도 알고 있었다.

고대 천문학에서 보이는 이집트인들의 내공도 만만찮았다. 역시 기원전 3000년경 이미 43개의 별자리가 있었다. 그후 바빌로니아 – 이집트의 천문학은 그리스로 전해졌다. 칼데아 유목민이 짐승을 좋아한 데 비해 그리스인들은 신화를 무척 좋아했던 모양이다. 그래서 별자리 이름에도 신화 속의 신과 영웅, 동물들의 이름이 붙여졌다. 세페우스, 카시오페이아, 안드로메다, 큰곰 등의 별자리가 그러한 예들이다.

여기까지는 대체로 민초들이 쌓아올린 천문학이고, 서기 2세기경 비로소 본격 천문학이 이를 이어받았는데, 바로 프톨레마이오스란 사람이 그리스 천문학을 몽땅 수집해 천동설을 기반으로 체계를 세운 〈알마게스트〉가 등장하게 된 것이다. 여기에는 북반구의 별자리를 중심으로 48개의 별자리가 실려 있고, 이 별자리들은 그후 15세기까지 유럽에서 널리 알려졌다. 15세기 이후에는 원양항해의 발달에 따라 남반구 별들도 많이 관찰되어 새로운 별자리들이 보태졌다. 공작새·날치자리 등, 남위 50도 이남의 대부분 별자리가 이때 만들어졌다.

이런 식으로 별자리들이 순차적으로 여러 사람에 의해 만들어지는 바람에 별자리 이름과 경계가 곳에 따라 다르고, 그 수가 100개가 넘기도 했다. 그래서 1930년 국제천문연맹이 나서서 지금처럼 88개의 별자리로 온 하늘을 빈틈없이 구획정리하기에 이르렀다.

별자리는 대체 무엇에 쓰는 물건인가요?

A 한자로 성좌星座라고 하는 별자리는 한마디로 하늘의 번지수다. 땅에 붙이는 번지수는 지번地番이라 하니, 별자리는 천번天番쯤 되겠다. 이 하늘의 번지수는 88번지까지 있다. 별자리 수가 남북반구를 통틀어 88개 있다는 말이다. 이 88개 별자리로 하늘은 빈틈없이 경계지어져 있다. 물론 별자리의 별들은 모두 우리은하에 속한 것이다.

비교적 최근인 1930년, 국제천문연맹(IAU) 총회에서 온 하늘을 88개 별자리로 나누고, 황도를 따라 12개, 북반구 하늘에 28개, 남반구 하늘에 48개의 별자리를 각각 정한 다음, 종래 알려진 별자리의 주요 별이 바뀌지 않는 범위에서 천구상의 적경·적위에 평행한 선으로 경계를 정했다. 이것이 현재 쓰이고 있는 별자리로, 이중 우리나라에서 볼 수 있는 별자리는 67개다.

별자리로 묶인 별들은 사실 서로 별 연고가 없는 사이다. 거리도 다 다른 3차원 공간에 있는 별들이지만, 지구에서 보아 2차원 평면에 있는 것으로 간주해 억지춘향식으로 묶어놓은 데에 지나지 않은 것이다. IAU가 그렇게 한 것은 물론 하늘의 땅따먹기 놀이를 하려는 것은 아니고, 오로지 하늘에서의 위치를 정하기 위한 것이다. 말하자면 지적공사에서 빨간 말뚝들을 하늘에다 박아놓은 꼴이다.

이런 별자리들은 예로부터 여행자와 항해자의 길잡이였고, 야외생활을

하는 사람들에게는 밤하늘
의 거대한 시계였다. 지금
도 이 별자리로 인공위성이
나 혜성을 추적한다.

▶ 홍천 아홉싸리재에서 잡은 밤하늘 별자리. (사진/윤경상)

별들은 지구의 자전과
공전에 의해 일주운동과 연
주운동을 한다. 따라서 별
자리들은 일주운동으로 한
시간에 약 15도 동에서 서로 이동하며, 연주운동으로 하루에 약 1도씩 서
쪽으로 이동한다. 다음날 같은 시각에 보는 같은 별자리도 어제보다 1도
서쪽으로 이동해 있다는 뜻이다. 때문에 계절에 따라 보이는 별자리 또한
다르다. 우리가 흔히 계절별 별자리라 부르는 것은 그 계절의 저녁 9시경
에 잘 보이는 별자리들을 말한다. 별자리를 이루는 별들에게도 번호가 있
다. 가장 밝은 별로 시작해서 알파(α), 베타(β), 감마(γ) 등으로 붙여나간다.

예전엔 천체관측에 나서려면 별자리 공부부터 해야 했지만, 요즘에는
별자리 앱을 깐 스마트폰을 밤하늘에 겨누면 별자리와 유명 별 이름까지
가르쳐주니 별자리 공부 부담은 덜게 되었다.

참고로, 별자리와 아울러 알아둬야 할 것으로 성군星群(Asterism)이란 게
있다. 공인된 별자리는 아니지만 별 집단의 별개 이름으로, 예컨대 북두칠
성, 봄의 대삼각형, 삼태성, 삼성 등이 있다. 성군 중 오리온의 허리띠에 있
는 세 별을 삼태성三台星으로 알고 있는 이가 많은데, 삼태성은 북두칠성의
국자 옆에 길게 늘어선 세 쌍의 별로, 큰곰자리의 발바닥 부근에 해당된다.
오리온의 허리띠 세 별은 삼성 또는 삼장군이라 한다.

마지막으로, 만고에 변함없이 보이는 별자리도 사실 오랜 시간이 지나

서양 별자리 못지않게 동양 별자리의 역사도 유구하다. 중국과 인도 등 동양의 고대 별자리는 서양 것과는 족보부터가 다르다. 중국에서는 기원전 5세기경 적도를 12등분하여 12차(次) 또는 12궁(宮)이라 하고, 적도 부근에 28개의 별자리를 만들어 28수(宿)라 했다. 이러한 중국의 별자리들은 그 크기가 서양 것보다 대체로 작다. 서기 3세기경 진탁(陳卓)이 만든 성도에는 283궁(궁이란 별자리를 뜻한다), 1,464개의 별이 실려 있었다고 한다. 한국의 옛 별자리는 중국에서 전래된 것이지만, 삼국시대 우리나라의 천문학 수준은 일식을 예견하는 등 세계 최고의 수준이었다. 당시 천문학 수준을 보여주는 대표적인 유물로는 천상열차분야지도가 있다. 고구려 시대 평양에서 각석한 천문도(평양성도星圖) 비석의 탁본을 바탕으로 돌에 새긴 천문도인 이 하늘지도는 형

▶ 천상열차분야지도.

태는, 별자리 그림을 중심으로 주변에 해·달·사방신에 대한 간략한 설명, 주관하는 각도, 각 절기별 해가 뜨고 질 때 남중하는 별자리가 설명되어 있고, 하단부에는 당시의 우주관, 측정된 28수의 각도, 천문도의 내력, 참여한 관리 명단이 기록되어 있다.

별자리 그림은 큰 원 안에 하늘의 적도와 황도를 나타내는 교차하는 중간 원을 그리고, 그 내부에 계절에 상관 없이 항상 보이는 별들을 표시하는 중앙의 작은 원, 그 위에 각 분야별로 1,467개의 별들이 293개의 별자리를 이루어 밝기에 따라 다른 크기로 그려져 있다. 별자리의 수는 서양의 88개와 비교하면 3배가 넘는다.

그 위에 은하수가 그 모양대로 그려져 있으며, 큰 원의 가장자리를 따라 365개의 주천도수 눈금, 각 방향을 대표하는 12지, 각 땅을 대표하는 분야(分野), 황도 12궁이 표시되어 있다.

면 그 모습이 바뀐다. 별자리를 이루는 별들은 저마다 거리가 다를 뿐만 아니라, 항성의 고유운동으로 1초에도 수십~수백km의 빠른 속도로 제각기 움직이고 있다. 다만 별들이 너무 멀리 있기 때문에 그 움직임이 눈에 띄지 않을 뿐이다. 그래서 고대 그리스에서 별자리가 정해진 이후 별자리의 모습은 거의 변하지 않았다. 별의 위치는 2천 년 정도의 세월에도 별 변화가 없었다는 것을 말해준다. 하지만 더 오랜 세월, 한 20만 년 정도가 흐르면 하늘의 모든 별자리들이 완전히 변모한다. 북두칠성은 더이상 아무것도 퍼 담을 수 없을 정도로 찌그러진 됫박 모양이 될 것이다.

그렇다고 별자리마저 덧없다고 여기지는 말자. 기껏해야 백 년을 못 사는 인간에겐 그래도 별자리는 만고불변의 하늘 지도이고, 당신을 우주로 안내해줄 첫 길라잡이니까.

10 별자리는 왜 계절마다 바뀌나요?

A 지구가 태양 주위를 공전해서 밤에 보이는 하늘의 영역이 바뀌기 때문에 별자리도 달라진다.

천동설을 믿던 옛사람들은 모든 별들은 천구에 붙어 있다고 생각했다. 별자리가 바뀌는 것은 천구가 1년에 한 바퀴씩 돌기 때문이라 생각했지만, 오늘날 우리는 천구가 도는 것이 아니라, 지구가 태양 둘레를 돌므로 천구의 밤 쪽 방향에 있는 별들만 볼 수 있음을 알고 있다. 따라서 지구가 태양의 반 바퀴를 도는 6달 뒤에는 완전 반대편 하늘의 별자리를 보게 된다. 겨울에 보이던 오리온자리가 사라지고 여름의 전갈자리가 떠오르는 것은 그 때문이다.

계절별 별자리의 대표선수 찾기

봄철의 별자리는 일반적으로 봄철(춘분~하지)에 북반구의 밤하늘에서 쉽게 찾아볼 수 있는 별자리로, 대표선수는 큰곰자리, 처녀자리, 사자자리, 목자자리 등이다. 특히 봄철의 밤하늘을 상징하는 별은 목자자리의 1등성 아르크투루스다. 찾는 방법은 북두칠성의 국자 끝의 구부러진 부분의 곡률 그대로 연장하다 보면 오렌지색 별 하나를 만나게 된다. 밤하늘에서 세 번째로 밝은 -0.0등인 목자자리의 α별이다. 태양에서의 거리는 38광년, 태양 지름의 26배인 거성이다.

아르크투루스에서 곡률을 따라 좀더 남쪽으로 내려가면 처녀자리의 α별인 스피카가 있다. 투명한 푸른빛으로, 겉보기등급 1.0등, B형이다. 북두칠성 손잡이의 끝별인 알카이드에서 아르크투루스, 스피카에 이어지는 큰 원호를 봄의 대곡선이라 한다. 이에 필적하는 도형으로 봄의 대삼각형도 있는데, 아르크투루스, 스피카, 데네볼라(사자자리 β)가 이루는 커다란 정삼각형을 일컫는 말이다. 이 두 도형이면 대략 봄의 밤하늘을 평정할 수 있다.

여름 밤하늘은 장대한 여름의 대삼각형에서 풀어가면 쉽다. 모두 1등성인 데네브, 알타이르, 베가가 여름철의 대삼각형을 이룬다. 직녀성 베가는 은하수 서쪽 강가에, 견우성 알타이르는 동쪽 강가에서 마주보고 있으며, 백조 꼬리 데네브는 은하수 한가운데에 있다. 대표 별자리는 헤라클레스, 전갈, 뱀주인, 거문고, 독수리, 백조, 궁수자리 등이다. 이 계절에는 은하수가 남쪽으로부터 천정을 지나서 북동쪽에 걸리고, 7, 8월경에 남쪽하늘에 낮게 보이는 붉은 별 안타레스가 있는 전갈자리도 비교적 쉽게 찾을 수 있는 별자리다.

가을은 별을 보기에는 좋은 계절이지만, 밝은 별이 많지 않다. 1등성이 하나뿐인데, 그마저도 고도가 낮은 남쪽 물고기자리의 포말하우트로, 산간지방에서는 보기가 힘들다. 가을 밤하늘의 중심은 금방 눈에 띄는 페가수스 대사각형이다. 페가수스자리는 안드로메다자리와 별을 하나 공유하고 있다. 바로 알페라츠다. 2.05등급의 이 별은 안드로메다자리에서는 알파별이고, 페가수스자리에서는 델타별이 된다. 그래서 페가수스 대사각형은 페가수스자리의 α, β, γ별과 옆의 안드로메다자리의 α별로 이루어진다. 대표 별자리로는 염소, 물병, 남쪽물고기, 페가수스, 물고기, 안드로메다, 고래자리 등이 있다.

천체관측의 최고 명당이 겨울철 밤하늘이다. 하늘 투명도가 좋을 뿐 아니라, 다른 계절보다도 볼 것도 풍성하다. 안드로메다 은하와 오리온 성운, 플레이아데스 산개성단과 히아데스 산개성단 등 맨눈으로도 볼 수 있는 은하와 성운 및 성단이 있는가 하면, 오리온자리의 베텔게우스, 리겔, 큰개자리의 시리우스, 작은개자리의 프로키온, 황소자리의 알데바란, 마차부자리의 카펠라 등 보석처럼 밝은 별들이 하늘을 가득 채우고 있다.

겨울 밤하늘에도 길라잡이 역할을 하는 유명한 도형이 하나 있는데, 오리온자리의 베텔게우스와 큰개자리의 시리우스, 작은개자리의 프로키온이 만들고 있는 거대한 겨울의 대삼각형이다. 또한, 여기에 황소자리의 알데바란과 마차부자리의 카펠라, 그리고 쌍둥이자리의 폴룩스를 연결하여 겨울의 대육각형이라 부르기도 한다. 대표 별자리로는 오리온자리, 큰개자리, 작은개자리, 토끼자리, 에리다누스자리, 황소자리, 쌍둥이자리, 외뿔소자리, 마차부자리, 게자리 등이 있다.

별자리는 하루에도 동쪽에서 서쪽으로 1도씩 이동한다. 어제 그 시간에 보던 별자리를 오늘 그 시간에 보면 서쪽으로 1도 옮겨간 것이다. 이렇게 1년을 옮겨가면 다시 제자리로 돌아온다. 하지만 지구가 둥글기 때문에 북반구에서는 남반구의 별들의 일부는 1년을 통틀어도 볼 수가 없다.

참고로, 별이 하룻밤새 하늘에서 움직이는 것을 일주운동이라 한다. 이 일주운동은 진짜로 별이 움직이는 것이 아니라, 지구의 자전운동으로 그렇게 보이는 겉보기 운동이다. 별의 일주운동을 찍은 천체사진을 보면 수많은 동심원 중앙에 밝은 별 하나가 기준을 잡고 있는 게 보이는데, 그 별이 바로 북극성이다. 지구의 자전축을 천구까지 연장하면 닿은 별이기 때문에 움직이지 않는 하늘의 돌쩌귀처럼 보이는 것이다.

11 황도 12궁은 어떻게 정해졌나요?

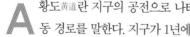

A 황도黃道란 지구의 공전으로 나타나는 천구에서의 태양의 겉보기 운동 경로를 말한다. 지구가 1년에 태양을 한 바퀴 공전하므로, 우리가

보기엔 태양이 별자리 사이를 움직이면서 황도를 한 바퀴 도는 것으로 나타난다. 지구의 공전궤도면과 황도면은 일치하며, 이것은 적도면과 23.5도쯤 기울어 있어, 춘·추분에 하늘의 적도와 교차하므로 이때 해의 위치를 춘·추분점이라 하고, 하지일 때를 하지점, 동지일 때를 동지점이라 한다.

태양이 황도를 한 바퀴 돌면서 대략 한 달에 하나의 별자리를 지나게 되는데, 월별 대표적인 12개의 별자리를 천문학에서는 황도 12궁(zodiac)이라고 한다.

황도 12궁은 그리스의 천문학자 히파르코스(BC 190~120)가 기원전 130년 경에 하늘의 별자리를 12등분하여 나눈 것으로, 당시로서는 획기적인 일이었다. 하지만 지금은 지구 자전축의 회전으로 인해 황도 12궁의 별자리 위치가 옛날과는 많이 달라졌다. 이런 변화는 기울어진 지구 자전축이 26,000년에 한 번 자전하는 세차운동(끄떡질) 때문이다.

황도 12궁의 별자리가 지나가는 황도대는 황도의 남북으로 각각 약 8도의 폭을 가지고 있는 천구의 영역으로, 태양·달·행성 등은 이 영역 안에서 운행된다. 황도대는 고대부터 다른 별자리나 행성들의 위치를 파악하는 데 중요한 역할을 해왔는데, 특히 메소포타미아의 수메르에서 처음 쓰이기 시작했다. 당시 사람들에게는 해마다 12개의 별자리가 계절에 따라 번갈아 가면서 규칙적으로 나타났다가 사라지는 것을 신의 조화로 보았기 때문이다.

점성술에서는 태양, 달, 행성이 출현하거나 중천에 뜨는 황도 12궁 등의 상대적인 위치를 이용하여 점을 보아왔다. 그런데 황도대에는 이 12개의 별자리 외에 뱀주인자리도 끼어 있어 실제로는 13개의 별자리가 들어 있다. 게다가 별자리 크기도 제각각이라 태양이 한 별자리에 머무는 시간도 한 달씩 딱 맞아떨어지는 것도 아니다. 그래서 점성술에서는 360도를 12로

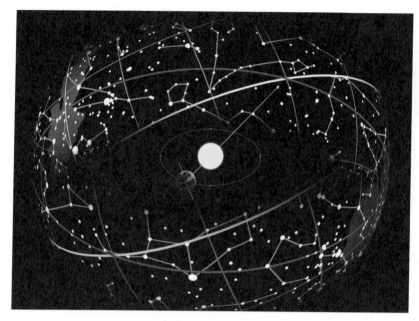

▶ 태양을 공전하는 궤도에 있는 지구는 천구에서 태양이 주야평분선(청백색 선)에 대하여 기울어져 있는 황도(붉은색 선)를 따라 움직이는 것으로 보이게 만든다. (wiki)

나눈 30도를 궁宮이라 하여 별자리 대신 쓰는데, 양자리를 백양궁, 황소자리를 금우궁 등으로 바꿔 쓴다.

따라서 황도 12궁과 황도 12별자리는 엄연히 다른 것이지만, 세간에서는 마구 섞어 쓰는 경향이 있다. 더욱이 태양의 궤도를 억지로 12등분했기 때문에 실제 별자리인 12별자리와는 상당히 차이가 있다. 게다가 12궁을 설정했을 당시는 정확히 양자리에 있던 춘분점이 세차운동으로 현재는 물고기자리로 이동해버렸다. 그 덕분에 12별자리와 12궁의 차이는 더욱 벌어지고 말았다.

태양이 황도를 지나면서 거치는 13개의 별자리를 춘분점에서부터 시작해보면, 물고기자리, 양자리, 황소자리, 쌍둥이자리, 게자리, 사자자리, 처녀자리, 천칭자리, 전갈자리, 궁수자리, 염소자리, 물병자리 황도 12별자리를 비롯, 전갈자리와 궁수자리 사이에 있는 뱀주인자리가 있다.

12 별자리로 보는 별점이 정말 맞나요?

A 요즘도 잡지나 일간지에 '오늘의 운세'라든가 '별점 코너' 같은 게 실려 있는 것을 심심찮게 볼 수 있다. 과연 별자리 점이 맞을까? 일단 이 꼭지를 다 읽고 스스로 판단해볼 문제다.

달에 갈 수 있는 지금 세상에 아직도 그런 점 같은 거 믿는 사람이 있나 생각하기 쉽지만, 독일의 한 여론조사 전문기관이 여론조사를 해본 결과, 1/3의 사람이 믿는 경향을 보였고, 반 가까운 사람들이 다소 믿는 쪽이라는 조사 결과를 내놓았다. 우리가 생각하는 것보다 예상 외로 많은 사람들이 미신과 점을 믿는다는 것을 보여준다.

별점은 물론 서양의 점성술(astrology)에서 나온 것이다. 인간세계에서 일어나는 모든 일들은 천문학상의 현상과 깊은 관계가 있다고 믿는 신앙체계에서 나온 것이 바로 점성술이다. 고대 이집트인들은 시리우스가 지평선 위로 떠오르면 곧 우기가 시작되고 나일강이 범람한다는 것을 알았다. 이는 농사 준비를 서둘러야 한다는 것을 뜻한다.

이처럼 별의 운행을 보고 미래에 일어날 자연현상을 예측하는 패턴 읽기는 어느덧 역전되어, 시리우스가 뜸으로써 나일강이 범람하는 것으로 인식하기에 이르렀다. 이것이 천체의 운행을 사람의 운명과 결부시키게 된 동기다. 점성술의 탄생은 여기서 비롯되었다.

점성술의 시조는 최초로 황도 12궁 별자리를 만든 바빌로니아의 칼데아인으로 추정되고 있다. 기원전 1700년부터 1500년 사이에 이 지역에서 만들어진 비석을 살펴보면, 7개 행성의 위치와 전쟁, 기근, 왕위 교체 등과 관련된 예언이 발견되고 있다. 이것이 점성술에 관해 확인할 수 있는 가장 오래된 문헌이다. 이후 이들은 기

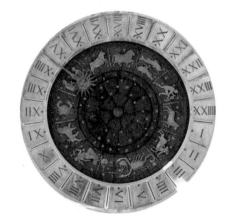

▶ 점성술에서 쓰이는 별자리.

원전 625년 신바빌로니아 제국을 건설했고, 점성술은 서서히 체계를 갖추어갔다.

황도 12궁과 일곱 행성(태양, 달, 수성, 금성, 화성, 목성, 토성)과의 관계에서 성립된 고대 바빌로니아의 점성술에서 태양과 달을 포함하는 7개의 행성은 신이며, 의지를 갖고 움직이는 존재들이었다. 그들이 모두 같은 궤도 위에서 움직이기 때문에, 각 궁에 나름대로의 의미가 생성되어, 행성과 행성의 관계뿐만 아니라, 각각의 행성과 그 행성이 머물고 있는 궁과의 관계도 예언 속에서 연관 맺게 되었다. 그 결과, 구체적이고 다방면에 걸친 예언이 가능해지게 되었다. 이 바빌로니아 점성술은 유럽뿐만 아니라 널리 이집트, 인도까지 퍼져나갔다.

기원 2세기 천동설의 결정판인 〈알마게스트Almagest〉를 쓴 프톨레마이오스도 생업은 점성술사였다. 이 분야에서 가장 권위 있는 책인 〈테트라비블로스Tetrabiblos〉를 쓴 사람이 바로 그였다. 하지만 그는 자신의 저서에는 "천문학은 제1의 과학이며 독립적인 것이다. 점성술은 제2의 과학이며, 제

1의 과학의 응용에 지나지 않는다. 그 자체는 2류의 과학이다"라고 토로하기도 했다.

하긴 천문학을 하면서 점성술로 밥을 먹은 사람은 그뿐이 아니다. 17세기에 행성운동의 3대 법칙을 발견한 불세출의 천문학자 요하네스 케플러도 궁해지면 점성술로 돌아오곤 했다. 슬픈 자기 합리화를 하면서. "점성술은 어머니인 천문학을 먹여살리는 창녀일 뿐이다." 그 시절에는 천문학과 점성술의 경계가 모호하기는 했다. 코페르니쿠스의 지동설이 갈릴레오와 케플러에 의해 굳건히 자리잡음에 따라 천문학과 점성술은 비로소 확연히 나뉘게 되었고, 점성술은 크게 힘을 잃기에 이르렀다.

1755년 11월 1일 토요일 만성절* 날 아침, 포르투갈의 리스본에 진도 9의 대지진이 일어났다. 포르투갈 왕국을 덮친 역대급 재앙인 리스본 대지진은 화재와 해일까지 불러와 리스본의 건물 중 85%가 파괴되고 10만 가까운 사람들이 희생되었다. 역사상 최악의 지진이었다. 당시 충격받은 유럽 지식층 일각에서는 이런 말이 나왔다고 한다. "만약 점성술이 맞다면 각기 다른 별자리에 태어난 10만 명의 사람이 어찌 한날한시에 다 같이 죽을 수 있단 말인가?"

현대 서양 점성술에서 사용되고 있는 것은 주로 황도 12궁이다. 12궁의 각각은 탄생 시기를 나타내며, 사람의 성격을 분석하고 점성학적 자료를 통해 미래를 예측한다. 동양에서 12간지로 하는 띠별 운세와 비슷하다. 점성술사는 새로 바뀐 별자리에는 관심을 두지 않으며, 천체의 실제 위치보다는 2000년 넘게 내려온 오래된 별자리를 이용하여 관습적으로 점을 본다. 별점을 믿고 안 믿고는 개인이 선택할 문제임을 알 수 있다.

---

* 가톨릭에서 기념하는 모든 성인들의 날 대축일.

모든 별들은 음악 소리를 낸다

별의 진화

별이 반짝이는 이 밤하늘은
전부 나의 것이다.
이 밤하늘이 전부 내 안에 있다.
이 밤하늘은 전부 내 자신이다.

| 톨스토이 • 〈전쟁과 평화〉에서 피에르의 독백 |

별이란 무엇인가요?

A 별은 중력으로 뭉쳐진 거대한 수소 공이 그 중심부에서 높은 온도와 압력으로 수소 핵융합을 함으로써 핵에너지를 생산하여 뜨거운 열과 밝은 빛을 내는 천체, 곧 항성(붙박이별)을 말한다.

밤하늘의 별들을 보면 영원히 그렇게 존재할 것처럼 보이지만 사실 별들도 인간과 같이 태어나고 살다가 늙으면 죽음을 맞는다. 별들이 태어나는 곳은 성운이라고 불리는 원자구름 속이다.

138억 년 전 빅뱅(대폭발)으로 탄생한 우주는 강력한 복사와 고온·고밀도의 물질로 가득 찼고, 우주 온도가 점차 내려감에 따라 가장 단순한 원소인 수소와 헬륨이 먼저 만들어져 우주공간을 채웠다.

우주탄생으로부터 약 2억 년이 지나자 원시 수소가스는 인력의 작용으로 군데군데 덩어리지고 뭉쳐져 수소 구름을 만들어갔다. 이것이 우주에서 천체라 불릴 수 있는 최초의 물체로서, 별의 재료라 할 수 있다. 이윽고 대우주는 엷은 수소 구름들이 수십, 수백 광년 지름의 거대 원자구름으로 채워지고, 이것들이 곳곳에서 중력으로 서서히 회전하기 시작하면서 거대한 회전원반으로 변해갔다.

수축이 진행될수록 각운동량 보존법칙*에 따라 회전 원반체는 점차 회전속도가 빨라지고 납작한 모습으로 변해가며, 밀도도 높아진다. 피겨 선수가 회전할 때 팔을 오므리면 더 빨리 회전하게 되는 원리와 같다. 이렇게 한 3천만 년쯤 뺑뺑이를 돌다보니 이윽고 수소 구름 덩어리의 중앙에는 거

---

* 계의 외부로부터 힘이 작용하지 않는다면 계 내부의 전체 각운동량이 항상 일정한 값으로 보존된다는 법칙이다.

▶ 별들이 태어나고 있는 오리온 대성운. 나비처럼 보이지만 너비가 24광년이다. (NASA)

대한 수소 공이 자리잡게 되고, 주변부의 수소원자들은 중력의 힘에 의해 중심부로 낙하한다. 이른바 중력수축이다.

그 다음엔 어떤 일이 벌어지는가? 수축이 진행됨에 따라 밀도가 높아진 분자구름 속에서 기체분자들이 격렬하게 충돌하여 내부온도는 무섭게 올라간다. 가스 공 내부에 고온·고밀도의 상황이 만들어지는 것이다.

이윽고 온도가 1천만K에 이르면 가스 공 중심에 반짝 불이 켜지게 된다. 수소원자 4개가 만나서 헬륨핵 하나를 만드는 과정에서 발생하는 결손질량이 아인슈타인의 그 유명한 공식 $E=mc^2$에 따라 핵에너지를 품어내는 핵융합 반응이 시작되는 것이다. 중력수축은 이 시점에서 멈춘다. 가스 공의 외곽층 질량과 중심부 고온·고압이 힘의 평형을 이루어 별 전체가 안정된 상태에 놓이기 때문이다. 이런 상태를 원시별(protostar)이라 한다.

그렇다고 금방 빛을 발하는 별이 되는 것은 아니다. 핵융합으로 생기는 복사 에너지가 광자로 바뀌어 주위 물질에 흡수·방출되는 과정을 거듭하면서 줄기차게 표면으로 올라오는데, 태양 같은 항성의 경우 중심핵에서 출발한 광자가 표면층까지 도달하는 데 얼추 100만 년 정도 걸린다. 표면층에 도달한 최초의 광자가 드넓은 우주공간으로 날아갈 때 비로소 별은 반짝이게 되는 것이다. 이것이 바로 스타 탄생이다. 태양을 비롯해서 모든 별은 이런 과정을 거쳐 태어난다.

지금 이 순간에도 우리은하 곳곳의 성운에서는 별들이 태어나고 있다. 지구에서 가장 가까운 별 생성 영역은 오리온자리에 있는 오리온 대성운이다. 약 1,600광년 거리에 있는 오리온 대성운의 거대한 분자구름 가장자리에 수소와 먼지로 이루어진 빛나는 요람 안에는 지금도 아기별들이 태어나고 있거나 태어나려 하고 있는 중이다.

이러한 별들은 비교적 성간물질이 많은 은하의 원반 부분에 분포하고 있다. 지름 수백만 광년에 이르는 수소 구름들이 곳곳에서 이런 별들을 만들고 하나의 중력권 내에 묶어둔 것이 바로 은하다. 우리은하의 나선팔을 이루고 있는 수소 구름 속에서는 지금도 아기별들이 태어나고 있다. 말하자면 수소 구름은 별들의 자궁인 셈이다.

참고로, 현재 태양은 항성 진화과정 중 주계열 단계*에 있으며, 제3세대 별로 알려져 있다. 구성 성분은 태양 질량의 약 3/4이 수소, 나머지 1/4은 대부분 헬륨이고, 총질량 2% 미만이 산소, 탄소, 네온, 철 같은 무거운 원소들로 이루어져 있다.

---

* 별의 중심부에서 수소의 핵융합 반응이 일어나는 전체적인 진화 단계를 말하며, 별의 일생 중 90% 이상을 차지한다.

A 별이 둥근 것 역시 중력의 작용에 의한 것이지만, 그 속사정은 지구 같은 행성이 둥근 것과는 좀 다르다. 암석형 행성이나 소행성들은 모두 고체인 반면, 별은 기체로 이루어진 천체이기 때문이다. 물질이 덩어리를 이루는 힘은 분자간의 결합력과 중력 두 가지인데, 중력이 분자 간의 결합력보다 우세할 때는 중심으로 작용하는 중력에 의해 구형을 만들게 된다.

구(球)는 수학적으로 완벽한 도형이다. 어느 방향에서 봐도 모양이 같다. 구의 세상에는 방향이란 게 없다. 구가 가진 것은 중심과 크기뿐이다. 이처럼 방향에 구애받지 않는 성질을 구대칭이라 한다. 중력과 전기력은 모두 구의 특성을 갖는다. 그래서 별과 행성뿐 아니라 우주 삼라만상을 만드는 원자도 구형이다.

중력이 분자 간의 결합력보다 우세해지는 경계는 물질의 밀도에 따라 차이는 있지만 대략 천체의 지름이 700km를 넘어서는 경우이다. 그러면 중력의 힘이 압도적이 되어 제 몸을 둥글게 주물러 구형으로 만드는 것이다.

좀더 구체적으로 설명하면, 중력은 물체를 위치 에너지가 높은 곳에서 낮은 곳으로 움직이게 만들므로 물질들은 위치 에너지가 낮은 곳에서부터 쌓이기 시작한다. 따라서 높낮이가 심한 표면의 울퉁불퉁함이 점차 매끈하게 변형된다. 덩치가 큰 행성의 중력은 중심을 향해 구형 대칭으로 작용하기 때문에 물질이 구형으로 쌓이게 되면서 공 같은 구형을 이루게 된다. 이에 비해 작은 소행성들이 감자처럼 울퉁불퉁하게 생긴 것은 덩치가 작아 제 몸을 둥글게 주무를 만한 강한 중력이 없기 때문이다.

그런데 사실 지구는 완전한 구체는 아니다. 극 지름보다 적도 지름이

43km 더 긴 배불뚝이다. 하지만 그 비율은 0.3%에 지나지 않으므로 거의 완벽한 구형이라 할 만하다. 가스 행성인 목성이나 토성은 더 심한 배불뚝이인데, 그것은 자전속도와 깊은 관계가 있다. 축을 중심으로 빠르게 자전하는 천체는 적도 방향으로 원심력이 작용하므로 적도 부분이 부풀게 되는 것이다.

▶ '블루 마블'. 1972년 12월 7일, 달로 향하던 아폴로 17호의 승조원들이 되돌아본 지구의 모습. 천체가 둥근 것은 중력의 작용 때문이다.

기체 덩어리인 별의 경우, 일정한 크기의 구형을 유지하는 것은 중력과 내부 압력의 균형 때문이다. 별이 수소 핵융합으로 만들어내는 에너지의 압력은 외부로 향하는 반면, 별 자체의 중력은 내부 중심으로 향하게 된다. 이 둘의 힘이 균형을 이루는 경계선에서 별의 외관은 일정한 크기의 구형을 유지하게 되는 것이다.

항성이 되기 위한 최저 질량의 한계가 태양질량의 8.3% 또는 목성 질량의 87배가 되어야 한다는 사실이 알려져 있다. 우주에서 발견된 가장 작은 별은 EBLM J0555-57Ab라는 항성으로, 그 크기는 목성(지름 14만km)보다 작고 토성(지름 12만km)보다 약간 큰 정도다. 만약 이보다 더 작으면 수소 핵융합이 불가능한 것으로 보인다. 그런 천체를 갈색왜성이라 한다. 가스체인 별은 자전할 때 적도 부분이 더 큰 원심력을 받으므로 적도 지름이 좀더 큰 배불뚝이 구형을 띤다.

참고로, 밤하늘의 별이 둥글게 보이지 않고 별표(★)처럼 보이는 것은 지구 대기의 움직임이 별빛을 산란시키기 때문이다. 강바닥에 있는 돌을 물 밖에서 볼 때 일렁여 보이는 것과 같은 이치다. 그래서 천문대를 대기 일렁임이 적은 높은 산 위에다 세우는 것이다.

A 지구상에 모습을 드러낸 인류가 밤하늘에서 가장 먼저 본 것은 반짝이는 별들이었을 것이다. 달은 때로는 안 뜨는 적도 있으니까, 동굴 앞에 나와 앉은 원시인들은 주로 밤하늘의 별들을 보며 우주의 기원을 생각하고 상상의 날개를 펼쳐갔을 것이다.

그러한 원시인들에게 최초로 떠오른 의문은 아마 별들이 왜 저렇게 반짝이는 걸까, 하는 것이 아니었을까? 그들은 별이 반짝이는 이유를 나름대로 생각해냈는데, 천구 바깥으로 있는 신의 세계에서 흘러드는 불빛이라고 생각했다. 별을 천구의 구멍이라고 보았던 것이다. 다른 고대인들은 천구 구멍으로 공기가 드나들면서 빛을 내는 것이라고 생각하기도 했다. 별이 반짝이는 이유는 이처럼 유서 깊은 인류의 궁금증이었다.

그러나 별이 빛나는 이유를 인류가 알아낸 것은 그리 오래지 않은 일이다. 20세기 중반, 곧 2차대전 발발 직전인 1938년에 와서야 인류는 비로소 별이 빛나는 진정한 이유를 알아내기에 이르렀다. 그 전에는 인류 중 누구도 별이 반짝이는 이유를 알지 못했다. 심지어 태양이 별과 같은 존재라는 사실을 안 것도 몇 세기 되지 않았다. 어떤 사람은 태양이 이글거리면서 열을 내는 것은 엄청난 석탄을 태우기 때문이라는 주장을 하기까지 했다. 그렇지만 석탄으로는 6,000년 이상 탈 수 없다는 계산이 이내 나왔다.

별이 빛나는 이유를 처음으로 알아낸 사람은 독일 출신의 미국 물리학자 한스 베테(1906~2005)였다. 여기에는 재미있는 일화가 있다. 젊은 베테가 이 사실을 논문으로 발표하기 전, 여친과 바닷가에서 데이트를 했는데, 그녀가 서녘하늘을 가리키며 말했다. "어머, 저 별 좀 봐. 정말 예쁘지?" 연애할 땐데 뭔들 예쁘지 않을까만, 그 별이 특히 예뻤던 모양이다. 베테는 으

스대면서 이렇게 말했다. "흠, 그런데 저 별이 왜 빛나는지 아는 사람은 이 세상에서 나뿐이지." 베테가 32살 때 일이다. 물론 나중에 이걸로 논문을 써서 노벨 물리학상을 탔다.

▶ 인류에게 별이 반짝이는 이유를 알려준 한스 베테. (Cornell University)

노벨상 수상 이유는 '원자핵 반응 이론에의 공헌, 특히 별의 내부에 있어서의 에너지 생성에 관한 발견'으로, 태양과 같은 초고온·초고밀도인 별의 중심부에서 수소 원자 4개가 핵융합을 일으켜 1개의 헬륨 원자로 변하며, 이 과정에서 약간의 질량 손실이 나타나고, 이것이 아인슈타인의 특수 상대성 이론에 따라 얼마만한 에너지로 전환되는지는 방정식 $E=mc^2$으로 알 수 있다. E는 에너지, m은 결손질량, c는 광속이다. 이 핵 에너지의 위력은 5년 후 일본 히로시마와 나가사키에서 증명되었다.

태양과 같은 별은 거의 전부 수소로 되어 있고, 태양은 그중 10%를 매초 400만 톤씩 에너지로 바꾸므로 약 100억 년 동안 탈 수 있다. 태양은 현재 일생의 거반을 지나고 있는 중이다.

베테는 원자탄을 만드는 맨해튼 계획에 이론 부문 책임자로 참여하여, 리처드 파인만(1918~1988)과 함께 '베테 - 파인만 방정식'으로 부르는 원자 폭탄의 효율을 계산하는 공식을 만들었다. 이 방정식은 1945년 뉴멕시코주 실험장에서의 폭발실험에서 그 정확성을 입증했다. 아인슈타인 이후의 천재로 불리던 파인만과 같이 일하면서 베테는 곧잘 암산 시합을 벌이곤

했는데, 열 자리 넘는 수를 나누고 곱하는 이 경쟁에서 주로 베테가 이겼지만, 어쩌다 졌을 때는 12살 연하인 파인만을 바라보며 즐거운 웃음을 지었다고 한다.

여담이지만, 평생 열정적인 등반가로 알프스와 로키 산맥까지 올랐던 베테는 100살에서 한 살 모자라는 99살인 2005년에 심장마비로 영면했다. 만년의 모습은 거의 성자의 풍모를 띠었다고 한다. 그의 임종을 지킨 부인은 이름이 로즈였는데, 해변에서 별 데이트를 한 그 처녀인지는 모르겠다.

16 별에 따라 왜 색깔들이 다르죠?

A 겨울철 별자리의 대표선수 오리온자리는 정말 찾기 쉽다. 밤이 이슥할 때 나가 남쪽하늘을 보면 방패연처럼 생긴 사각형 별자리가 덩그렇게 떠 있는 것을 볼 수 있다. 별자리 한가운데 등간격의 세 별, 오리온 삼성이 나란히 있어 더욱 눈에 잘 띈다.

이 별자리의 왼쪽 위 귀퉁이에서 밝게 빛나는 별을 보면 유난히 불그스름하다. 바로 오리온자리의 알파별인 적색거성 베텔게우스다. 크기(지름)가 태양의 900배나 되는 엄청난 거성으로 요즘 천문학자들이 가장 주목하는 별이다. 조만간 초신성 폭발을 일으킬 후보이기 때문이다.

오리온자리의 또 다른 1등성 리겔은 베텔게우스의 맞은편 꼭지점에 있다. 리겔 역시 지름이 태양의 80배인 청색초거성으로, 청백색으로 밝게 빛난다. 하얗게 빛나는 별도 있다. 온 하늘에서 가장 밝은 별인 큰개자리의 시리우스와 거문고자리의 베가가 흰 별 대표선수다. 푸르게 빛나는 청색별의 대표는 오리온 삼성 중 맨 오른쪽에 있는 민타카이고, 주황색 별은 목자자리의 아르크투루스, 노란 별에는 마차부자리의 카펠라 등이 있다. 우리 태양도 노란 별에 속한다.

자, 그러면 별들은 왜 제각각 빛깔이 다른 걸까? 원인은 딱한 가지다. 별의 표면온도에 따라 방출하는 빛의 색깔이 정해지기 때문이다. 즉, 표면온도에 따라 방출 스펙트럼이 달라지기 때문에 색이 변하는 것이다. 별의 표면온도가 낮을수록 붉은색으로 보이고, 높을수록 푸른색으로 보인다. 별의 표면온도가 3,000K 정도 되면 붉게 빛나는

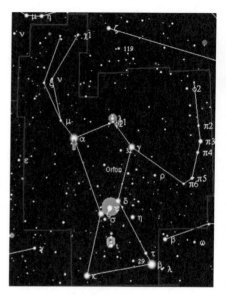

▶ 분홍색 화살표가 오리온자리 알파별 베텔게우스이다. (wiki)

적색왜성이 되고, 약 5,200K부터는 태양처럼 노랗게 변하며, 7,500K에서는 하얗게 빛나고, 10,000K를 넘으면 희푸른 빛을 내는 별이 된다.

표면온도에 따른 별의 분광형을 분류한 것이 다음에 나오는 표인데, 표면온도 순서대로 분광형 기호를 나열하면 O, B, A, F, G, K, M의 순서가 된다. 천문학자들은 이것을 쉽게 외우기 위해 'Oh! Be A Fine Girl, Kiss Me'라고 작문하여, 제자들에게 자랑스레 가르치기도 한다.

유형	O	B	A	F	G	K	M
색깔	푸른색	희푸른색	흰색	황백색	노란색	주황색	적색
표면온도(k)	3만~6만	1만~3만	7,500~1만	6천~7,500	5,200~6천	3,700~5,200	2천~3,700
별(d)	민타카, 멘카르	리겔, 스피카	시리우스, 알타이르	프로키온, 북극성	태양, 카펠라	아르크투루스, 알데바란	베텔게우스, 안타레스

17 어째서 녹색 별은 없는 걸까요?

A 지구를 일컬어 초록별이라고는 하지만, 엄밀히 말해 지구는 별이 아니므로 그냥 표현의 차원으로 돌리고, 진짜 초록별은 없는 걸까? 붉은 별에서 푸른 별까지 다양한 색깔의 별들이 있지만, 유독 녹색 별은 없다. 왜 그럴까?

철봉을 가열하면 붉게 빛나기 시작한다. 이것은 가열되는 물체로부터 붉은빛(전자기파)이 나오는 때문이다. 비교적 저온에서는 붉은빛이 나오지만, 고온으로 감에 따라 푸른빛을 내게 된다. 이처럼 물체로부터 방사하는 빛의 스펙트럼은 온도에 따라 결정된다.

별의 색깔은 그 별의 표면온도에 의해 결정된다. 온도가 낮은 별은 3,000K로 가열된 철봉과 거의 같은 파장의 붉은빛을 복사한다. 3만K로 대단히 고온인 별은 푸르게 빛난다. 온도와 빛의 관계는 이처럼 복사의 법칙에 엄밀하게 적용받지만, 색에 대해서는 이야기가 다르다.

인간의 눈으로 초록이라 느끼는 파장대에 있는 별의 온도는 약 1만K로 추정된다. 이러한 A형 별은 아주 많이 존재하는데, 그중에서도 특히 밝은 두 개의 별이 거문고자리 베가와 큰개자리 시리우스다. 그러나 그런 별을 바라보더라도 하얗게 보일 뿐, 초록으로는 보이지 않는다. 녹색 빛을 가장 많이 방출하는데도 흰색으로 보이는 이유는 녹색 빛과 함께 노란색, 주황색, 빨간색, 파란색도 방출하기 때문이다.

이 모든 색깔들이 섞이면 어떻게 되나? 학교에서 배운 빛의 삼원색 원리에 따라 흰색이 되고 만다. 그러므로 초록색 별이 존재하지 않는 이유는 별이 초록색 빛만 방출할 수 없기 때문이다 – 라는 게 정답이 되겠다.

18 우주에서 가장 큰 별은 얼마나 큰가요?

A 일단 우리은하에서 가장 큰 별을 알아보도록 하자. 우주에 2천억 개 은하가 있지만, 대략 비슷한 형편이니까, 우리은하에서 가장 큰 별이라면 우주에서 가장 큰 별이라 해도 무방하다. 천문학자들은 우주에 물질들이 균일하고 등방(물체의 물리적 성질이 방향에 따라 다르지 않고 같음)하게 분포하고 있다고 곧잘 가정하는데, 이를 우주원리(Cosmological Principle)라고 한다.

우리은하에만 해도 항성이 약 4천억 개 있다고 한다. 우리 태양이 이들 중 중간급에 속하니까, 대략 태양 같은 별들이 우리은하에 4천억 개나 빛나고 있다는 뜻이다.

그렇다면 우주에서 가장 큰 별은 과연 얼마나 클까? 지금까지 관측된 바로는 가장 큰 별은 방패자리 UY(UY Scuti)라는 별로, 태양 크기의 1,700배 정도 되는 것으로 밝혀졌다. 이는 지금까지 발견된 항성들 중 물리적 부피가 가장 큰 값으로, 이런 별을 극대거성(hypergiant star)이라 하는데, 지름이 태양 지름의 10~100배 정도인 거성(giant star), 100배 이상인 초거성(supergiant star)의 상위 클래스다.

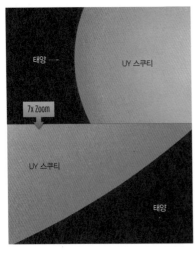

태양과 비교한 방패자리 UY의 크기. (wiki)

방패자리 UY별을 가장 먼저 발견한 것은 1860년 독일 본 천문대의 천문학자들이지만, 이 별이 우주 최대의 항성임을 알아낸 것은 2012년 유럽남방천문대의 천문학자들이다. 그들은 천문대에 설치된 초대형망원경(VLT:Very Large Telescope)을 이용하여, 방패자리 UY(UY 스쿠티)가 가장 거대하여 그 크기는 정확히 태양 지름의 1708±192배라는 사실을 밝혀냈다. 이로써 방패자리 UY는 그때까지 최대 별로 군림했던 큰개자리 VY, 백조자리 NML 들을 누르고 우리은하 최대의 별로 등극하게 된 것이다.

방패자리 UY의 크기(지름)가 최대이긴 하지만, 질량이 최대인 별은 아니다. 질량은 태양보다 약 30배 무거울 뿐이다. 이 정도로는 명함도 못 내민다. 우주에서 가장 무거운 별은 태양의 265배에 달하는 황새치자리의 R136a1이란 별이다. 하지만 이 별의 크기는 태양의 약 30배밖에 되지 않는다. 이처럼 별의 크기와 질량이 반드시 비례하는 것은 아니다. 특히 거성일 경우에는 더욱 그렇다.

방패자리 UY는 질량은 태양의 30배이지만, 지름 크기는 무려 1,700배를 웃돈다. 천문단위(AU)로 보면 16AU이고, 미터법으로 환산하면 24억km나 된다. 이는 지금까지 발견된 항성들 중 물리적 부피가 가장 큰 값이며 베텔게우스 지름의 1.7배에 이른다. 반지름이 8AU인 이 별을 태양 자리에다 끌어다 놓는다면 목성 궤도를 넘어 거의 토성 궤도에 육박하는 엄청난 것이다. 단일 물체로는 우주 최대다. 하나의 물체가 이렇게 클 수 있다니 놀라울 뿐이다.

방패자리 UY는 시간에 따라 밝기가 변하는 변광성이다. 이런 별들은 시간에 따라 신축을 거듭하기 때문에 크기가 고정되어 있지 않다. 별 자체가 가스체이기 때문에 표면이 단단하지 않고 끊임없이 요동친다. 별의 가장자리를 어디까지로 결정하는가 하는 문제에 있어 천문학자들은 별이 둥글게 빛나 보이는 표면인 광구의 위치를 기준으로 삼는다. 태양의 빛나는 표면이 바로 태양 광구다. 여기에서 별의 중심에서 만들어진 광자, 곧 별빛이 우주공간으로 탈출하는 것이다.

날마다 우리가 햇볕을 즐기는 태양은 지름이 지구의 109배, 약 139만km이고, 둘레는 약 450만km다. 이게 얼마만한 크기일까? 당신이 차를 타고 시속 100km로 달린다면 태양을 한 바퀴 도는 데 5년 동안 밤낮 없이 가속 페달을 밟아야 한다는 뜻이다.

인간의 척도로 보면 지구만 해도 엄청나게 거대하다. 하지만 별들과 비교하면 티끌 하나에 지나지 않는다. 태양을 지름 2m짜리 트랙터 바퀴라고 하면, 지구는 바둑돌만 하고, 방패자리 UY는 백두산 높이의 약 1.5배인 3,400m나 된다.

비행기를 타고 지구를 한 바퀴 도는 데는 2일이면 족하다. 그러나 당신이 비행기를 타고 방패자리 UY별 둘레를 한 바퀴 돌려면 무려 1,000년이 걸린다. 고려조와 조선조 시대를 합친 만큼이나 되는 시간이다. 그러나 이런 별도 우주에 비하면 역시 모래알 하나에 지나지 않는다. 우주는 그처럼 광막하다.

참고로 가장 큰 별 랭킹 10위까지 소개하면 다음과 같다. 별 이름 다음의 숫자는 태양지름을 1로 했을 때의 해당 별 크기 수치다.

❷ WOH G64: 1,635±5% ❸ 세페우스자리 RW: 1,535 ❹ 웨스터룬드 1‐26: 1,530 ❺ 세페우스자리 V354: 1,520 ❻ 큰개자리 VY: 1,420± 120 ❼ 백조자리 KY: 1,430~2,850 ❽ 전갈자리 AH: 1,411±124 ❾ 궁수자리 VX: 1,350~1,940 ❿ 센타우루스자리 V766(HR 5171 A): 1,315± 260 [유튜브 검색어 ▶ List of big stars]

19. 별까지의 거리를 최초로 잰 사람은 누구인가요?

A 17세기 파리 천문대 대장 조반니 카시니와 무역회사 인턴사원 출신의 독일 천문학자 프리드리히 베셀(1784~1846)이다. 카시니는 태양까지의 거리를, 베셀은 백조자리 61번 별까지의 거리를 측량했다.

별까지의 거리뿐 아니라, 어떤 거리를 재는 데도 가장 기본적인 방법은 삼각측량이다. 천문학에서 행성이나 위성, 가까운 별까지의 거리를 측량하는 기법으로 시차視差를 사용하는데, 이것 역시 삼각측량의 일종이다. 눈앞에 연필을 놓고 오른쪽 눈, 왼쪽 눈으로 번갈아 보면 위치변화가 나타나는데, 이것이 바로 시차다. 이것으로 우리가 눈앞에 있는 물건의 거리를 가늠할 수 있는 것은 우리의 뇌가 시차를 판독하기 때문이다.

시차를 이용해 최초로 달까지의 거리를 정확히 알아낸 걸출한 천재가 기원전 2세기 고대 그리스에서 나왔는데, 바로 에게해 로도스섬 출신의 히파르코스(BC 190~120)였다. 세차운동 발견, 별의 밝기 등급 창안, 삼각법에 의한 일식 예측 등 그야말로 눈부신 업적을 남긴 히파르코스는 두 개의 다른 위도상 지점에서 달의 높이를 관측해 그 시차로써 달이 지구 지름의 30배쯤 떨어져 있다는 계산서를 뽑아냈다. 참값인 30.13에 놀랍도록 가까운 값이었다. 이는 지구 바깥 천체까지의 거리를 최초로 측정한 빛나는 업적이었다.

달까지의 거리를 자로 재듯이 정확하게 측정한 히파르코스의 후예는 무려 1,800년 뒤에야 나타났다. 이탈리아 출신의 천문학자 조반니 카시니(1714~1784)가 그 주인공으로, 그가 발견한 토성의 카시니 틈으로 우리에게도 낯익은 사람이다.

1671년 카시니는 화성이 지구에 대접근을 할 때 지구상의 두 지점에서 몇 개의 밝은 별들을 배경으로 해서 화성의 위치를 정밀 관측하여 얻은 시차로 화성까지의 거리를 구했고, 이 값을 '행성의 공전주기의 제곱은 행성과 태양 사이 평균 거리의 세제곱에 비례한다'는 케플러의 제3법칙에 대입해 지구에서 태양까지의 거리 1억 4천만km라는 값을 얻었다. 이것은 실제 값인 1억 5천만km에 비하면 오차 범위 7% 안에 드는 훌륭한 근사치였다. 이로써 카시니는 지구에서 가장 가까운 별까지의 거리를 최초로 측량한 기록을 세웠다. 당시 태양계는 토성까지로, 지구 – 태양 간 거리의 약 10배였다. 카시니가 태양까지의 거리를 알아냄으로써 인류는 비로소 태양계의 실제 크기를 알게 되었다.

태양 이외의 별까지 거리를 구한 사람은 중학교를 중퇴하고 천문학을 독학으로 공부한 독일의 프리드리히 베셀로, 그는 연주시차*를 이용해 1838년 최초로 백조자리 61번 별까지의 거리를 재는 데 성공했다. 당시 최초의 별 연주시차 측정은 천문학계의 뜨거운 화두였다. 오랜 정밀 측정 끝에 베셀이 구한 백조자리 61번 별의 연주시차는 0.314초각이었다! 이 각도

---

* 연주시차. 어떤 천체를 바라보았을 때 지구의 공전에 따라 생기는 시차를 뜻하며, 지구 공전의 결정적 증거이다. 연주시차는 실제 시차의 절반, 즉 태양과 바라보는 천체를 잇는 직선, 그리고 지구와 바라보는 천체를 잇는 직선이 이루는 각으로 나타낸다. (wiki)

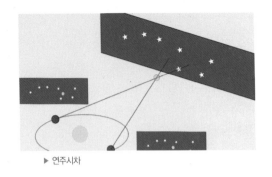
▶ 연주시차

는 빛의 거리로 환산하면 10.3광년에 해당한다. 참값인 11.4광년보다 오차 범위 9.6%로 약간 작게 잡혔지만, 당시로서는 탁월한 정확도였다.

지구 궤도 지름 3억km를 1m로 치면, 백조자리 61은 무려 30km가 넘는 거리에 있다는 말이다. 그러니 그 연주시차를 어떻게 잡아내겠는가. 그 솜털 같은 시차를 낚아챈 베셀의 능력이 놀라울 따름이다. 이 별은 그후 베셀의 별이라는 별명을 얻게 되었다.

이 같이 연주시차를 이용해서 별까지의 거리를 구하는 것은 대단히 제한적이다. 대부분의 별은 매우 멀리 있어 연주시차도 아주 작기 때문이다. 연주시차가 최대인 것이 4.4광년 거리의 리길 켄트(알파 센타우리)로, 0.76초각이다. 따라서 지구의 대기 산란 효과 등으로 인해 미세한 연주시차는 잴 수 없으며, 100파섹(1파섹은 3.26광년) 정도에 있는 별까지의 거리를 측정하는 것이 한계이다.

그보다 먼 천체까지의 거리는 주로 천체의 밝기를 바탕으로 간접적인 방법으로 추정한다. 일반적으로 사물의 밝기는 중력과 마찬가지로 거리의 제곱에 반비례한다. 거리가 2배 멀면 밝기는 1/4로 떨어진다. 이 공식을 적용하여 해당 천체의 실제 밝기(절대등급)와 겉보기 밝기를 비교함으로써 거리를 추정할 수 있다.

최근에는 우주망원경을 사용해 더 먼 별의 연주시차를 구하는 방법도 쓰고 있는데, 이 방법으로는 36,000광년 거리까지 측정이 가능하다. 우리은하의 지름이 약 10만 광년이므로, 이 방법을 쓰면 우리은하의 1/3 정도 거리까지 직접 측정이 가능한 셈이다.

1989년 발사되어 1993년까지 활약한 유럽우주국(ESA)의 히파르코스 위성은 천체의 고정밀 시차를 수집하기 위해 발사된 관측기구로, 12만을 넘는 기준별과, 100만 개나 되는 별의 시차를 반복 측정했다. 그 결과, 세페이드 변광성의 시차를 새롭게 결정하고, 해당 은하까지의 거리가 원래 값보다 10% 정도 늘어난 사실을 알게 되었다. 이러한 초정밀 조사에서 300광년 너머 있는 천체까지의 거리에 불과 10% 오차 수정밖에 없었다고 하는 것은 본래의 측정이 상당히 정밀도 높은 것이었음을 증명하는 것이다.

20 별의 크기는 어떻게 재나요?

A 망원경으로 행성과 별을 보았을 때 가장 큰 차이점은 행성은 원반형으로 보이는 데 비해 별, 곧 항성은 아무리 큰 망원경을 들이대더라도 빛점으로밖에 보이지 않는다는 점이다. 별이 워낙 멀리 떨어져 있기 때문이다.

지구에서 가장 먼 행성인 해왕성까지의 거리가 약 30AU, 45억km인데, 가장 가까운 별인 프록시마 센타우리까지의 거리는 4.2광년, 약 40조km로, 1만 배나 더 멀다. 이 거리를 천문단위로 바꿔보면 약 30만AU가 되고, 태양을 이 자리에다 끌어다놓고 지구에서 보면 겉보기 크기가 60만분의 1도밖에 안된다. 이는 100km 밖에 놓인 연필심 굵기만 한 크기다. 대기 산란 효과 등을 생각하면 도저히 잴 수 없는 각도다. 그러니까 직접적인 방법으로 별의 크기를 알아내기는 거의 불가능한 일이다.

그럼 천문학자들은 별의 크기를 어떻게 알아낼까? 별의 본래 밝기, 곧 절대등급을 알아낸 다음, 그것을 겉보기등급과 비교하여 별까지의 거리 등을 고려하여 해당 별의 크기를 추정한다. 별의 절대등급은 그 별의 표면온도로 알 수 있고, 또 표면온도는 그 별의 색깔 등을 통해 알 수 있다.

절대등급은 그 별을 10파섹, 곧 32.6광년 거리에 두었을 때의 밝기 등급이다. 예컨대 우리 태양은 1등성의 1,200억 배 밝기인데, 태양을 32.6광년 거리 밖에 두면 절대등급이 4.8등급에 불과한 별일 뿐이다.

별의 절대등급을 알면, 그 별이 내는 에너지 총량을 구할 수 있고, 별의 표면온도로부터는 표면의 단위면적당 방출되는 에너지를 알 수 있다. 따라서 별이 복사하는 에너지 총량을 단위면적당 방출 에너지로 나누면 별의 표면적을 구할 수 있고 반지름 값을 알 수 있는 것이다. 예컨대 사자자리 알파별인 1.4등급의 레굴루스는 방출 에너지 총량이 태양의 380배, 표면온도 13,000도로, 단위면적당 방출 에너지는 태양의 26배 정도이므로 표면적은 15배, 반지름은 태양의 3.8배임을 알 수 있게 된다.

별의 크기를 직접 측정하는 방법도 있는데, 여러 대의 망원경을 조합한 간섭계로 별의 크기를 잰다. 망원경의 성능을 나타내는 지표인 분해능은 붙어 있는 관측 대상을 분리해서 보여주는 능력으로, 망원경의 시력이라 할 수 있다. 이 분해능은 주경의 지름에 비례하는데, 한 대의 망원경이 갖는 분해능은 어차피 제한적일 수밖에 없어 여러 대의 망원경을 떨어뜨려 배치함으로써 망원경 사이의 거리를 구경으로 하는 가상 망원경에 해당하는 분해능을 얻는 방법이다. 이러한 망원경 조합을 간섭계라 한다.

이 같은 간섭계로 별의 겉보기 크기(각도)를 알아내고, 별까지의 거리를 대입하면 별의 실제 크기를 구할 수 있다. 그러나 이 방법으로 크기를 측정할 수 있는 별은 한정적이므로, 위에서 말한 밝기 등급과 표면온도, 반지름에 관한 관계식으로 별의 크기를 추정하는 것이다.

21 별도 사람처럼 태어나고 죽는다고요?

A 그렇다. 별에게도 생로병사의 일생이 있다. 별도 사람처럼 태어나고 늙고 이윽고 죽음을 맞는다. 다른 점이 있다면, 사람은 기껏해도 100년을 못 사는 데 비해 별은 몇십억 몇백억 년을 산다는 게 다르긴 하지만.

천문학 책에서 가장 유명한 표를 들라면 단연 헤르츠스프룽 - 러셀 그림표일 것이다. 항성의 진화를 얘기할 때마다 등장하는 이 색등급도 色等級圖는 항성천문학에서 절대등급, 광도, 항성분류, 표면온도의 관계를 나타낸 그래프로, 덴마크의 헤르츠스프룽(1873~1967)과 미국의 러셀(1877~1957)이 만든 것이다. 줄여서 H - R도라고도 한다. 두 사람이 1차대전이 일어나기 전 독자적인 연구를 통해 개발한 그림표라 두 사람 이름이 같이 들어갔다.

이 그림표는 한마디로 별들의 족보라 할 만한 것으로, 별의 등급과 항성의 진화, 쉽게 말해 별의 일생을 보여주는 것이다. 천문학자들은 이 그림표를 이용하여 항성의 분류, 내부구조나 진화의 과정을 조사한다.

H - R도에 나타난 별의 일생을 따라가보면, 가스구름에서 태어난 별은 생애의 대부분을 주계열의 한 지점에 머문다. 그림표의 왼쪽 위(뜨겁고 밝은)에서 시작해서 오른쪽 아래(차갑고 어두운)로 이어지는 대각선 부분이다. 이 기간이 별의 전성기로, 별의 일생 중 거의 90%를 차지한다. 태양은 지금 주계열상에 있으며, 절대등급은 약 4.8, 5800K 주변에 있다.

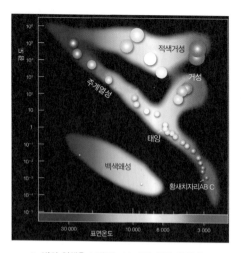

내광

적색거성

거성

주계열성

태양

백색왜성

황새치자리AB C

10^6
10^5
10^4
10^3
10^2
10
1
10^{-1}
10^{-2}
10^{-3}
10^{-4}
10^{-5}

30 000   10 000   6 000   3 000

표면온도

▶ 별의 일생을 보여주는 H–R도. 별은 일생의 90%를 주계열에서 보낸다. (ESO)

시간이 지남에 따라 별들은 위에서 아래로 질서 있게 주계열을 벗어난다. 태양 정도의 질량을 가진 별은 주계열성 단계에서 약 100억 년을 머무는 데 비해, 태양보다 20~40배 되는 O, B형 별들은 수백만 년 정도만 이 단계에 머물 뿐이고, 종말도 빨라진다. 별은 질량이 많을수록 중심 온도가 높아지고, 이에 따라 수소 핵융합이 격렬하게 일어나 빨리 수소를 소진시키기 때문이다. 반면, 작고 차가운 별들은 연료를 천천히 태워 오래 산다. 질량이 태양의 2배이면 15배 밝게 빛나고, 15억 년에 수명이 끝난다. 태양의 5배, 10배인 별은 각각 1억 년, 3,000만 년 만에 임종을 맞는다. 덩치 큰 게 좋은 것만은 아니다.

젊은 별들도 나이가 들면 적색거성이 되어 오른쪽 위의 구석자리로 옮아간다. 노쇠의 조짐이다. 이후로 밝기가 수시로 변하는 불안정한 기간을 보내고 마침내 왼쪽 아래 구석자리로 밀려나 별의 일생이 끝난다. 거기가 별들의 무덤인 것이다. 생자필멸의 법칙은 별에게도 예외가 아니다.

여담이지만, 어느 날 한 제자가 공자님한테 이런 돌직구를 날렸다고 한다. "죽음이 무엇입니까?" 당황스런 질문이지만, 공자님의 대처가 탁월했다. "삶을 모르는데 죽음을 어찌 알겠는가(未知生이니 焉知死리오)?" 정말 멋진 대응 아닌가? 과연 고수답다. 한 영문학 교수가 공자님 말씀을 영어로 이렇게 옮겼다. "Don't know life, how know death?"

얘기 나온 김에 스피노자(1632~1677)가 죽음에 관해 남긴 명언을 들어보자. 덴마크의 철학자 스피노자는 하이델베르크

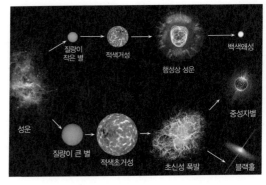

▶ 사람처럼 생로병사를 거치는 별의 일생.

대학에 철학교수로 초빙받았지만, 자유를 구속받기 싫다고 거절하고는 안경 렌즈 깎는 일로 밥벌이하다가 44살로 요절했다. 유리 가루를 많이 마셔 진폐증에 걸린 게 사인이라 한다. 이 고매하신 분은 죽음에 대해 이렇게 말했다. "자유로운 사람은 죽음을 생각하지 않는다. 그의 지혜는 죽음이 아니라 삶의 숙고에 있다."

쌍둥이로 태어나는 별이 있다고요?

A 쌍둥이별을 쌍성이라 하는데, 놀랍게도 우리 눈에 보이는 별들 중약 절반이 쌍둥이 별이다. 사람 쌍둥이는 드물지만 별 쌍둥이들은 흔하다는 얘기다. 지금까지 발견된 쌍성만 해도 수천 쌍이나 된다.

우선 태양에서 17광년 이내에 있는 60개 항성들에 대해 호구조사를 해보면, 절반에 해당하는 28개가 쌍성 또는 다중쌍성임이 밝혀졌다. 이런 사정으로 미루어보아 우주에 있는 별들은 거의 절반이 쌍성일 거라고 생각하

▶ 북두칠성의 손잡이에서 두 번째 별인 미자르. (사진/염범석)

는 천문학자들이 많다.

왜 이렇게 쌍성이 많은 걸까? 이유는 별의 자궁인 거대한 성운 속에서 동시 다발적으로 별들이 잉태되기 때문이다. 그래서 가까운 별들끼리 중력으로 묶이게 되어 2중성, 3중성계를 형성하는 것이다. 별의 자궁인 성운은 수광년, 수십 광년이나 된다. 거대한 자궁 속에서 오히려 하나만 달랑 생겨나는 게 이상할 정도다.

이들 쌍성들은 물리적으로 서로 연관돼 있으며 서로에게 중력의 영향을 끼쳐 일정한 궤도운동을 하는 것이 특징이다. 쌍성 중에서 밝은 쪽을 주성, 어두운 쪽을 동반성(짝별)이라 한다. 그런데 우연히 우리의 시선 방향에 나란히 놓여 쌍성처럼 보이는 별도 있다. 이처럼 물리적으로는 아무런 관계가 없는 쌍성을 겉보기 쌍성이라 한다.

겉보기 쌍성의 유명한 예로는 북두칠성의 손잡이에서 두 번째 별인 미자르를 들 수 있다. 눈이 좋은 사람은 미자르를 볼 때 그 옆에 바짝 붙어 있는 별, 알코르라는 4등성을 볼 수 있다. 이 별의 별명은 시력검사 별인데, 옛날 로마 시대 모병관이 군인을 뽑을 때 시력검사용으로 사용했다고 한다. 알코르를 보려면 시력이 1.5 이상 되어야 하고, 1.0의 경우에는 어렴풋이 보인다. 0.7 이하의 경우에는 아예 볼 수 없다. 실제로 두 별은 1.1광년 이상 떨어져 있다. 만약 로마군 입대 지원자가 이 별을 볼 수 없으면 불합격 판정이 내려지고, 고향 앞으로 갓! 처분이 따른다.

그런데 겉보기 쌍성 미자르의 반전은 미자르 그 자신은 진정한 쌍성이란 사실이다. 미자르 A에 가깝게 붙어 있는 동반성으로 미자르 B가 있는데, 주성과 380AU 떨어져 있다. 두 별은 1회 공전하는 데 수천 년이 걸린다. 미자르는 망원경으로 최초로 발견된 쌍성이다.

미자르의 반전은 여기서 끝나지 않는다. 주성 미자르 A도 그 자신이 주기 20일의 분광쌍성*이며, 동반성도 주기 175일의 분광쌍성으로, 미자르는 사실 4중쌍성, 4개의 별이 모여 있는 집단인 것이다. 하늘에는 이보다 수가 더 많은 다중성계도 있는데, 쌍둥이자리 알파별 카스토르는 무려 6중쌍성으로 6개의 별이 올망졸망 모여 있다. 망원경으로 꼭 한번 관측하기 바란다. 지구에서 45광년 거리지만, 작은 망원경으로도 3개 정도는 볼 수 있다.

23 밝기가 달라지는 별이 있다고요?

A 몇 가지 이유로 별의 밝기가 주기적으로 달라지는 별이 있는데, 이런 별을 변광성이라 한다.

최초로 변광성을 발견한 사람은, 1596년 독일의 목사 파브리시우스로, 고래자리 오미크론이 주기적으로 시야에서 사라졌다 나타나는 것을 발견했다. 그리고 1638년 네덜란드의 요하네스 홀바르다는 이 별이 11개월이라는 일정한 주기를 가지고 변광한다는 사실을 발견했고, 얼마 후 '놀라움'이라는 뜻의 미라Mira라는 이름이 붙여졌다. 변광성 1호의 탄생이었다.

---

* 때로는 두 별이 매우 가까이 붙어 있기 때문에 도플러 효과를 이용해야만 두 별이 분리되어 있음을 알 수 있는 쌍성.

1572년, 1604년에 관측된 초신성과 함께 이 변광성의 발견은 '하늘은 영원히 불변한다'는 아리스토텔레스의 우주관을 붕괴시켰고, 16세기와 17세기 초의 천문학 혁명을 추동하는 엔진이 되었다.

변광성 중의 최고 스타 알골Algol은 이탈리아 천문학자 몬타나리에 의해 1669년 발견된 두 번째 변광성이다. 페르세우스자리 베타별인 알골은 변광성 중에도 식쌍성인데, 식쌍성이란 관찰자의 시점에서 볼 때 두 항성의 궤도면이 아주 가까워서 서로 주기적으로 식현상을 일으킴으로써 겉보기등급이 변하는 쌍성을 말한다.

별이 밝기를 바꾸는 데는 두 가지 원인이 있는데, 위에서 말한 식변광과 맥동脈動변광이다. 맥동변광성은 별 스스로가 팽창과 수축을 반복함으로써 변광하는 별로, 본질적인 변광성이라고 말할 수 있다. 단주기 변광성인 세페우스 별, 미라와 같은 장주기 변광성도 이에 속한다.

알골이라는 이름은 아랍권에서 시체 먹는 '식시귀(구울)의 머리'라는 뜻의 라스 알굴에서 왔다. 히브리 전승에서는 이 별을 '사탄의 머리'라 불렀고, 신화에서는 영웅 페르세우스가 물리친 악마인 메두사의 머리에 해당한다. 그리고 고대 중국에서는 알골이 관측되면 나라에 재난이 다가와 많은 시체가 쌓이게 된다 하여 적시성積屍星이라 불렀다는 사실에서 알골이 일찍부터 요상하게 변광하는 별이란 사실이 널리 알려진 듯하다.

알골은 68시간 50분을 주기로 2.3등급에서 3.5등급 사이로 밝기가 변하지만, 그 원인은 미스터리였다. 알골의 변광이 식현상에 기인한다는 것을 최초로 밝혀낸 사람은 놀랍게도 18살의 청각 장애자인 존 구드릭 (1764~1786)이라는 영국의 아마추어 천문가였다. 어릴 때 앓은 성홍열로 청각을 잃은 구드릭은 1783년, 알골을 관측하여 밝기의 변화에 일정한 주기가 있음을 알아내고, 변광 패턴을 바탕으로 알골이 두 별이 서로 돌고 있는 식쌍성이라는 것을 밝힘으로 써 그해의 가장 중요한 과학적 발견에 주는 왕립협회의 코플리 메달을 받았다.

구드릭은 또한 세페이드 변광성의 이름이 된 세페우스자리 델타가 변광성임을 최초로 관측하기도 했다. 이런 별들을 오늘날 우리는 세페이드 변광성 또는 단순히 세페이드라고 부른다. 구드릭은 세페이드 변광성이 만들어지는 원인은 알지 못했지만, 그 발견만으로도 위대한 업적이었다. 그는 이

▶ 존 구드릭. 변광성의 주기를 발견하고 그 원인으로 식쌍성을 제시한 아마추어 천문학자. 별 관측을 하다 걸린 폐렴으로 21살에 요절했다. (wiki)

업적으로 21살에 왕립협회의 연구원이 되었다. 그러나 추운 밤에 별을 관측하다가 걸린 폐렴 때문에 연구원으로 임명된 지 14일 만에 세상을 떠나고 말았다.

이 세페이드 변광성은 구드릭이 세상을 떠난 지 100여 년 만에 또 다른 청각장애자인 미국의 여성 천문학자 헨리에타 리비트에 의해 연구되어 우주를 재는 표준촛불(Standard Candle)이 되었다. 별과 인간의 희한한 인연이라고나 할까.

지금까지 우리은하에서 발견된 변광성은 2008년 기준으로 약 46,000개에 이르며, 다른 은하에 있는 1만 개의 변광성, 변광성으로 추측되는 1만 개의 천체들이 최신 목록에 수록되어 있다.

별빛으로 우주의 거리를 잴 수 있나요?

A 놀랍게도 수천만 광년 떨어진 성단이나 은하의 거리를 잴 수 있는 별빛이 있다. 바로 세페이드 변광성이란 게 그 놀라운 주인공이다.

천문학에서는 우주에서의 거리를 측정하는 문제가 가장 중요한 문제이다. 거리를 모르고는 태양계나 은하나 우주의 구조를 이야기할 수 없기 때문이다.

우주에서의 거리 측정에 가장 기본이 되는 연주시차는 가까이 있는 별들까지 거리를 측정하는 데만 사용될 수 있다. 그러나 이 연주시차로 천체의 거리를 구하는 것은 한계가 있다. 대부분의 별은 매우 멀리 있어 연주시차가 아주 작기 때문이다. 따라서 더 먼 별에는 다른 방법을 쓰지 않으면 안된다.

그렇다면 대체 어떤 방법을 쓸 수 있을까? 더 먼 우주의 거리를 재는 잣대는 우주 속에서 발견한 것이었다. 그리고 그 발견에는 당시 천문학계의 기층민이었던 '여성 컴퓨터'의 땀과 희생이 서려 있었다.

이 놀라운 우주의 잣대를 발견한 주역은 한 귀머거리 여성 천문학자였다. 그러나 청력과 그녀의 지능은 아무런 관련도 없었다. 하버드 대학 천문대에서 헨리에타 리비트(1868~1921)가 한 업무는 주로 천체를 찍은 사진건판을 비교분석하고 검토하는 일이었다. 시간당 0.3불이라는 저임으로, 이런 직종을 당시 '컴퓨터'라고 불렀다.

페루의 하버드 천문대 부속 관측소에서 찍은 사진자료를 분석하여 변광성을 찾는 작업을 하던 리비트는 어느 날 소마젤란 은하에서 100개가 넘는 세페이드 변광성을 발견했다. 이 별들은 적색거성으로 발전하고 있는 늙은 별로서, 주기적으로 광도의 변화를 보이는 특성을 가지고 있다. 세페이드

변광성을 최초로 발견한 사람은 얄궂게
도 리비트처럼 청각장애자인 존 구드릭
이라는 영국의 아마추어 천문가였다.

소마젤란의 별들이 지구에서 볼 때 거
의 같은 거리에 있다는 점에 주목한 그녀
는 변광성들을 정리하던 중 놀라운 사실
하나를 발견했다. 한 쌍의 변광성에서 변
광성의 주기와 겉보기등급 사이에 상관
관계가 있다는 점을 감지한 것이다. 곧,
별이 밝을수록 주기가 느려진다는 점이
다. 리비트는 이 사실을 공책에다 "변광

▶ 헨리에타 리비트. 세페이드형 변광성
의 주기 – 광도 관계를 발견해 우주의 잣
대를 제공했다. (wiki)

성 중 밝은 별이 더 긴 주기를 가진다는 사실에 주목할 필요가 있다"고 짤
막하게 기록해두었다. 이 한 문장은 후에 천문학 역사상 가장 중요한 문장
으로 꼽히게 되었다.

1908년, 리비트는 세페이드 변광성의 '주기 – 광도 관계' 연구 결과를
〈하버드 대학교 천문대 천문학연감〉에 발표했다. 그녀는 지구에서부터 마
젤란 성운 속의 세페이드 변광성들 각각까지의 거리가 모두 대략적으로
같다고 보고, 변광성의 고유 밝기는 그 겉보기 밝기와 마젤란 성운까지의
거리에서 유도될 수 있으며, 변광성들의 주기는 실제 빛의 방출과 명백한
관계가 있다는 결론을 이끌어냈다.

리비트가 발견한 이러한 관계가 보편적으로 성립한다면, 같은 주기를
가진 다른 영역의 세페이드 변광성에 대해서도 적용이 가능하며, 이로써
그 변광성의 절대등급을 알 수 있게 된다. 이는 곧 그 별까지의 거리를 알
수 있게 된다는 뜻이다. 이것은 우주의 크기를 잴 수 있는 잣대를 확보한

것으로, 한 과학 저술가가 말했듯이 천문학을 송두리째 바꿔버릴 대발견이었다.

리비트가 발견한 세페이드 변광성의 주기 – 광도 관계는 천문학사상 최초의 표준촛불이 되었으며, 이로써 인류는 연주시차가 닿지 못하는 심우주 은하들까지의 거리를 알 수 있게 되었다. 또한 천문학자들은 표준 촛불이라는 우주의 자를 갖게 됨으로써, 시차를 재던 각도기는 더 이상 필요치 않게 되었다.

리비트가 밝힌 표준촛불은 그녀가 암으로 세상을 떠난 2년 뒤에 위력을 발휘했다. 1923년 윌슨산 천문대의 에드윈 허블(1889~1953)이 표준 촛불을 이용해, 그때까지 우리은하 내부에 있는 것으로 알려졌던 안드로메다 성운이 외부은하임을 밝혀냈던 것이다. 이로써 우리은하가 우주의 전부인 줄 알고 있었던 인류는 은하 뒤에 또 무수한 은하들이 줄지어 있는 대우주에 직면하게 되었다.

따지고 보면, 우주의 팽창이라든가 빅뱅 이론 같은 것도 리비트의 표준촛불이 있음으로써 가능한 것이었다. 리비트가 변광성의 밝기와 주기 사이의 관계를 알아냄으로써 빅뱅의 첫단추를 꿰었다고 할 수 있다.

허블 역시 리비트의 업적을 인정하며 노벨상을 받을 자격이 있다고 자주 말하곤 했다. 그러나 스웨덴 한림원이 노벨상을 주려고 그녀를 찾았을 때는 지병으로 세상을 떠난 지 3년이 지난 후였다. 임종을 앞둔 며칠 전 하버드 천문대 대장인 할로 섀플리(1885~1972)가 그녀의 병상을 찾았다. 리비트는 대장의 방문으로 크게 기뻐했다고 한다. 나중에 섀플리는 리비트와의 마지막 만남을 이렇게 회상했다. "내가 했던 몇 안되는 괜찮은 일 중 하나는 그녀의 임종 자리를 방문한 것이었다."

위대한 업적을 남겼음에도 평생 제대로 대접받지 못한 불우한 여성 천문학자 리비트의 이름은 천문학사에서 찬연히 빛나고 있을 뿐만 아니라, 소행성 5383 리비트, 월면 크레이터 리비트로 저 우주 속에서 빛나고 있다.

25 별과 별이 충돌하는 일이 있나요?

A 우리은하에 있는 별들은 서로 얼마나 떨어져 있을까? 태양에서 가장 가까운 별인 프록시마 센타우리(센타우루스자리 프록시마)는 4.2광년, 센타우루스자리 알파 A, B별이 4.4광년 떨어져 있다. 그 다음으로 가까운 별은 뱀주인자리의 바너드 별로 6광년, 온 하늘에서 가장 밝은 별 시리우스는 여섯 번째 가까운 별로 약 8.6광년 거리에 있다.

초속 30만km의 빛이 1년 동안 달리는 거리인 광년이란 거리 개념이 얼른 머리에 잡히지 않지만, 가장 가까운 별 프록시마 센타우리까지 4.2광년 거리를 요즘 로켓으로 간다고 생각해보자. 지금까지 인간이 만들어낸 최고 속도는 초속 17km다. 무려 총알 속도의 17배다. 여러 차례의 중력도움을 받은 끝에 얻은 이 속도로 지금 보이저 1호가 태양계를 벗어나 성간공간을 주파하고 있는 중이다. 이 속도로 프록시마 센타우리까지 가는 데는 약 74,000년이 걸린다. 따라서 1광년 거리는 로켓으로 18,000년은 가야 하는 어마무시한 거리다.

우리은하에 있는 4천억 개의 별들이 떨어져 있는 평균 거리는 약 4광년이다. 미터법으로는 약 40조km에 해당하는 이 간격으로 별이 우주공간에 하나씩 떠 있다는 얘기다. 이게 얼마만한 간격일까? 별의 중간치 크기인 태양을 지름 5cm인 미더덕으로 친다면, 40조km는 2,000km쯤 된다. 그러니까 우리은하에서 별이 충돌할 확률은 동해바다에서 미더덕 두 마리가 어

▶ 우주의 불꽃놀이 같은 별들의 충돌. 두 별이 충돌하면서 발생시킨 에너지는 태양이 1천만 년 동안 생산하는 에너지와 맞먹는다. 사진은 칠레의 알마 전파망원경이 잡은 것이다. (ESO)

쩌다 부딪칠 확률보다 낮다는 얘기다. 만약 별들이 이보다 가까이 있다면 우리 태양계 같은 것은 존재할 수 없었을 것이다. 그래서 칼 세이건은 '별들 사이의 아득한 거리에는 신의 배려가 숨어 있는 것 같다'라고 말했다.

사정이 대체로 이러하므로 수만 광년의 크기를 갖는 은하들이 서로 충돌할 때도 두 은하의 별들은 거의 충돌하는 일 없이 유령처럼 서로의 사이를 통과한다. 별들 사이의 거리가 별 크기의 수천만 배나 크기 때문이다. 그러나 거대한 성간 분자운은 다른 분자운과 충돌하고 있는 은하의 중심으로 빠르게 낙하하여 새로운 별들을 형성하게 만든다.

은하들의 충돌, 합체는 우주에서 흔한 일이므로 우연한 별의 충돌이 영 없지는 않다. 얼마 전 그런 별의 충돌 현장이 망원경에 잡힌 적이 있는데, 충돌이 일어난 곳은 오리온자리이고, 충돌한 별들은 둘 다 비교적 젊은 별이며, 충돌 현장을 잡은 것은 칠레 아타카마 사막에 있는 알마(ALMA) 전파망원경이다.

두 별은 충돌하면서 우주공간으로 엄청난 잔해와 광휘를 내뿜었다. 충돌현장인 지구에서 1,350광년 떨어진 오리온 분자구름 1(OMC-1)은 유명한 오리온 대성운 복합체의 일부로, 별들의 탄생이 활발히 이루어지고 있는 별들의 우주 분만실이다. 약 10만 년 전, OMC-1 안의 깊숙한 곳에서 생성된 몇 개의 원시별 중 두 개가 중력으로 서로 끌어당기다가 이윽고 격

럴한 충돌을 일으켰던 것이다.

이 충돌이 발생시킨 에너지는 태양이 1천만 년 동안 생산하는 에너지와 맞먹는 것으로서, 엄청난 빛과 잔해들을 뿜어내 주변의 원시별들과 가스들을 우주공간으로 내팽개쳤고, 수천 가닥의 먼지와 가스 흐름이 초속 150km의 속도로 뻗어나갔다.

이같이 별들이 태어나자마자 최후를 맞기도 하지만, 여기서 나온 물질들은 또 다른 별들을 잉태하는 데 사용된다. 이것이 바로 별의 환생이다. 오리온 성운 안에는 지금 이 순간에도 새로운 별들이 태어나고 있다. 이 성운 속에 태어났거나 태어나고 있는 별들의 수는 3,000개가 넘는다.

26 펄서란 무엇인가요?

A 먼저 펄스pulse는 '맥박', '진동'이란 뜻이다. 펄서pulsar는 일정 주기로 맥박 치듯이 펄스 형태의 전파를 내쏘는 천체로, 맥동전파원脈動電波源이라고도 한다. 1967년 11월 영국 케임브리지 대학의 전파천문대에서 앤터니 휴이시 교수의 지도를 받던 대학원생 조슬린 벨 버넬(1943~)이 처음 발견했다. 펄서라는 단어는 '맥동하는 별(pulsating star)'을 줄여서 만든 신조어로, 1968년 논문에서 처음 등장했다.

문제의 천체는 1.34초라는 짧은 간격으로 전파를 방출하고 있었기 때문에, 버넬과 휴이시는 외계 지성체가 보내는 메시지라고 생각하고, 이 수수께끼의 파장에 초록 난쟁이(LGM-1: Little Green Men)라는 별명을 붙였다. 이처럼 처음에는 펄서를 외계 지성체가 쏘는 '등대'라고 주장하는 의견이 있었으나 발견 당시 거의 받아들여지지 않았다. 이후 LGM-1이 펄서로 판명

77

▶ 1967년 펄서를 최초로 발견했음에도 노벨상에서 제외되었던 조슬린 버넬(1967년).

된 뒤 CP 1919라는 새 명칭이 붙었다.

이 펄서의 정체를 알아내는 데 도움이 되었던 것은 이듬해인 1968년에 발견된 게 펄서였다. 초신성 잔해인 황소자리의 게성운 중심에 있는 게 펄서는 33밀리초(0.033초)라는 엄청 짧은 주기로 전파 펄스를 방출하고 있었는데, 알고 보니 이 펄서 자체가 1054년 초신성 폭발을 일으켰던 바로 그 별이었다. 별의 많은 질량을 우주로 방출한 뒤에 남은 속고갱이가 바로 이 펄서였던 것이다. 이 별은 가시광으로 보더라도 전파와 같은 주기로 펄스 점멸을 반복하고 있음이 관측되었다.

그후 여러 연구를 통해 펄서가 중성자별임이 밝혀졌다. 중성자별이란 별 전체가 소립자인 중성자로 이루어진 별로서, 별이 초신성 폭발을 일으켰을 때 남은 별의 고갱이 부분이 엄청난 압력으로 눌린 끝에 별 전체가 하나의 거대한 원자핵처럼 되어버린 초고밀도의 별이다. 밀도가 물의 100조 배나 되므로, 지름 10km 크기임에도 거의 태양과 맞먹는 질량을 가진다. 중성자별의 밀도는 보통 크기의 성냥갑만 한 질량이 약 30억 톤으로, 중성자별 1km³는 지구 질량의 2배에 해당한다.

중성자별이 그처럼 빠른 주기의 펄스를 방출하는 것은 빠른 자전에 의한 것이다. 거대한 크기의 별이 엄청나게 작은 크기로 줄어드는 바람에 보존된 각운동량이 중성자별을 그처럼 빠르게 회전시키고, 강한 자장의 극으로부터 방출되는 전파가 지구 쪽으로 향할 때 마치 회전하는 등대불처럼 보이는 것이다.

2010년 기준으로 2,000여 개의 중성자별이 발견되었다. 버넬이 발견한 CP 1919는 전파를 방출하고 있지만, 이후 발견된 펄서들은 엑스선과 감마선을 방출하고 있음이 확인되었다.

1974년 앤터니 휴이시는 펄서를 발견한 공로에 힘입어 노벨 물리학상을 처음 수상한 천문학자가 되었다. 그러나 휴이시의 조교 조슬린 버넬이 펄서를 가장 먼저 발견했음에도 수상자에서 제외되고 공로를 휴이시가 독점했다고 많은 논란이 있었으며, 영국의 정상우주론자 프레드 호일 같은 과학자는 노벨상 역사상 가장 불공정한 수상이라고 비판했다. 프레드 호일 역시 이러한 비판 때문에 노벨상 위원회에 밉보여 그 자신이 별의 핵합성 이론으로 큰 업적을 세웠음에도 노벨상 수상에서 제외되는 불이익을 받은 것으로 유명하다(김동성 등 한국 쇼트트랙 선수들에게 여러 차례 불공정한 판정을 내린 호주의 심판 성도 휴이시였지).

그러나 다행히도 버넬은 학계에서 나름대로 업적을 인정받아 나중에 왕립천문학회 회장을 지냈으며, 2008년 10월부터 2010년 10월까지 영국 물리학 연구소 소장을 지내는 등, 학자로서 성공적인 삶을 살고 있다.

27 우주에서 가장 나이 많은 별은 몇 살인가요?

A 현재까지 우주에서 가장 나이 많은 별로 밝혀진 것은 136억 살이 넘는 므두셀라라는 별이다. 천칭자리 방향으로 약 190광년 떨어진 곳에 위치하고 있다.

별의 일생은 전적으로 그 별의 질량에 따라 결정된다. 별의 질량은 암흑성운 속에서 얼마만큼 물질이 모이느냐에 따라 결정되고, 거기에는 성운의 밀도나 주변 천체의 영향 등 여러 요인이 작용한다.

일단 별이 되려면 한계체중이 태양의 0.08배를 넘어야 한다. 이에 못 미치면 체중 미달로 불합격 처리되고 영원히 스타를 꿈꿀 수가 없다. 목성이 조금만 더 컸으면 태양이 될 뻔했다는 얘기들을 하는데, 사실 태양 질량의 0.001에 지나지 않기 때문에 지금보다 체중이 80배나 나가야 별이 될 수 있는 만큼 크게 억울해할 일은 아닌 듯싶다.

별은 질량이 작을수록 오래 살 수 있다. 무거운 별은 중심핵의 압력이 매우 커서 수소를 작은 별보다 훨씬 빨리 태우기 때문에 질량이 큰 별일수록 수명은 짧다. 가장 질량이 큰 별은 백만 년 정도 사는 반면, 적색왜성*처럼 질량이 작은 별은 연료를 매우 느리게 태우므로 수백억 년에서 수천억 년까지 산다.

태양과 같은 정도의 질량을 가진 별은 대략 140억 년 정도 살지만, 태양의 5배, 10배 질량인 별은 수명이 대략 1억 년, 3,000만 년이다. 질량이 태양의 반이면 500억 년 이상, 10분의 1 정도이면 5,000억 년이나 빛날 수 있다. 우리은하 내 별들의 나이는 대부분 1억 살에서 100억 살 사이이다. 일부 별은 우주의 나이와 비슷한 137억 살에 근접하기도 한다.

우주 최고령 별인 므두셀라 별의 정식 명칭은 HD 140283으로, 추정 나이는 136억 6,000만 년에서 152억 6,000만 년 사이이다. 나이를 하한치로 잡는다면 현재 우주 나이로 추정되는 137억 1,300만 년에서 138억 3,100만 년의 범위에 들어간다.

표면온도가 5,500℃로 태양과 거의 비슷한 이 별은 현재 초속 169km

---

* 주계열성 가운데, 질량이 작고 어두운 적색 빛을 내는 항성. 태양보다 작고, 핵융합에 사용되는 수소의 양도 작지만, 에너지 소비가 적기 때문에 매우 오래 산다. 은하수의 3/4은 적색왜성으로 이루어져 있다는 예측도 있다.

의 속도로 지구 쪽으로 가까워지고 있으며, 동시에 우리은하 속을 초속 361km의 속도로 이동하고 있다.

NASA는 우주 초창기에 형성된 나이 많은 항성 중의 하나인 이 별에 성경에서 가장 장수한 인물로 나오는 므두셀라를 가져와 '므두셀라 별(Methuselah star)'이라는 별명을 붙였다. 므두셀라는 방주를 만든 노아의 할아버지다.

28 우주에서 가장 가벼운 별과 무거운 별은 어떤 건가요?

A 별의 한계질량은 태양 질량의 0.08~150배 정도로 알려져 있다. 그러니까 최소한 태양 질량의 8%는 돼야 수소 핵융합이 일어나 반짝이는 별이 될 수 있다는 얘기다. 힘들여 몸집을 불렸는데도 그에 못 미치고, 질량이 가스 행성과 항성의 중간 정도밖에 안되면 핵에너지를 생산할 수가 없는 갈색왜성이 되고 만다.

별의 최대 질량은 태양 질량의 150배를 넘지 못하는 것으로 알려져 있는데, 상한선이 왜 150배에서 멈추는지는 과학자들도 확실하게는 모른다. 다만 에딩턴 한계를 그 원인 중 하나로 보는데, 에딩턴 한계란 항성이 복사압으로 대기를 우주공간으로 날려보내지 않는 한도 내에서 가장 밝게 빛나는 한계선을 말한다.

그런데 문제는 별들 중에는 별의 한계질량을 비웃는 듯이 보이는 별도 있다는 점이다. 2010년 7월 독거미 성운 속의 R136 산개성단에서 발견된 R136a1 별은 이전에 발견된 모든 별의 최고 질량 한계를 깨는 극대거성이다. 독거미 성운은 우리은하의 위성은하인 대마젤란 은하에 속해 있으며,

▶ 왼쪽에서 오른쪽으로 평범한 적색왜성, 태양, B형 주계열성, R136a1. 반지름에 있어서 발견된 별들 중 최고로 큰 것은 방패자리 UY이다. (wiki)

황새치자리에 있다.

지구로부터 163,000 광년 거리에 있는 이 별은 질량이 태양 질량의 315배에 달하며, 지름은 29배, 표면온도는 53,000K, 밝기는 무려 870만 배로, 우주에서 가장 밝은 별이다. 이는 우리 태양과 보름달 밝기의 차이에 해당된다. 이 별을 우리 태양 자리에 끌어다 놓는다면 엄청난 자외선으로 인해 지구상의 생명체는 전멸을 면치 못할 것이다.

R136a1은 나이가 겨우 80만 년밖에 되지 않지만, 너무나 덩치가 큰 나머지 벌써 생애의 절반을 지났다. 그래도 그동안 다이어트를 해서 태어났을 때보다는 태양 질량의 50배 정도는 감량했다. 그 질량은 강한 항성풍에 실려 우주공간으로 날아갔다. 그러니까 이 별이 태어났을 때는 무려 태양 질량의 360배가 넘었다는 뜻이다. 우리은하에서 가장 무거운 별인 NGC 3603-B는 태양 질량의 약 130배인데, 그 두 배를 훌쩍 뛰어넘는 덩치다.

별 역시 덩치가 클수록 단명한다. R136a1은 앞으로 100만 년이 안되어 초신성 폭발로 생을 마감할 것이며, 블랙홀을 유산으로 남길 것으로 보인다.

반대로, 우주에서 가장 작은 난쟁이 별은 얼마나 작을까? 최근 지구에서

---

* NGC 36030에서 가장 무거운 별로, 용골자리 방향으로 지구로부터 약 24,500광년 떨어져 있다. 질량은 태양의 약 132배로 에딩턴 한계에 가까운 수치다.

지구 크기만 한 '다이아몬드 별'이 있다!
─900광년 거리의 '백색왜성'

마치 다이아몬드처럼 빛나는 백색왜성이 발견됐다. 겉은 뜨겁지만 속은 아주 차다. 2014년 미국 국립전파천문대(NRAO) 소속 과학자들이 발견한 백색왜성 PSR J2222−0137은 역대 발견된 것 중 가장 차갑고 희미한 백색왜성으로, 다이아몬드로 이루어졌을 것으로 보고 있다.

백색왜성은 우리의 태양 같은 항성이 진화 끝에 나타나는 종착지다. 이번에 발견된 백색왜성은 지구에서 약 900광년 떨어진 물병자리에 위치해 있으며, 지구만 한 크기로 표면온도가 섭씨 2,700도는 넘지 않을 것으로 추측된다.

특기할 만한 사실은, 대부분 탄소로 이루어진 이 백색왜성의 나이는 약 110억 년으로 추정되는데, 수십억 년 동안 서서히 소멸하며 결정화됐을 것이라는 점이다. 잘 알려진 대로 탄소로 이루어진 다이아몬드는 고온 고압의 환경에 노출돼 만들어진다. 연구팀은 이 백색왜성에 우주의 다이아몬드라는 별칭을 붙였다.

이같이 차가운 백색왜성이 이론적으로는 그리 희귀한 것은 아니지만 이 백색왜성이 늦게 발견된 것은 보통의 백색왜성보다 10배는 더 희미하기 때문이다.

19광년 떨어진 곳에서 글리제 229라는 희미한 별의 둘레를 공전하는 갈색왜성이 발견되어 천문학자들을 당황하게 만들었다. 이유인즉슨 항성 형성 하한선인 태양 질량의 0.08배보다 훨씬 낮은 0.02~0.05배에 불과하면서도 표면온도는 950K나 되는 어엿한 별이었던 것이다. 글리제 229B라는 이름을 얻은 이 갈색왜성은 모성으로부터 대략 태양−명왕성 거리만큼 떨어진 궤도를 돌며, 강력한 자기마당으로 X−선을 방출하는 등 유별난 활동성을 보이고 있다.

이 극강 난쟁이 별의 질량은 목성의 약 21~52배, 지름은 목성의 반 정도밖에 안되는 크기로, 항성 형성 질량의 최하한선을 훌쩍 뛰어넘어 이보다 더 작은 별을 발견하기란 어려울 것으로 보인다고 한다.

A 물론이다. 모든 별들, 모든 천체들은 소리를 낸다. 그러나 음파가 아니라 전파이기 때문에 별이 내는 소리를 듣기 위해서는 전파망원경과, 전파신호를 음성신호로 변환하는 장치가 필요하다. 광활한 우주를 오가는 전자기파를 소리로 변환한다면 한번도 들어본 적 없는 '우주의 소리'를 들을 수 있다. NASA는 특수장비를 이용해 우주를 떠도는 전자기파를 모은 후 인간이 들을 수 있는 소리로 변환하는 작업을 추진해 공개하기도 했다.

별의 소리는 단조로우며, 방송국이 방송을 송출하고 있지 않을 때의 TV와 비슷한 잡음이다. 펄서의 경우는 1초에 수십 번 보내지는 펄스 음을 들을 수 있다. 다른 별에서 오는 소리는 수분간은 변화가 없으며, 해안에 밀려드는 파도소리나 바람소리처럼 들린다.

가장 신기한 소리는 지구와 목성의 음이다. 지구의 소리를 들어보면 뭔가 고통스러운 소리를 듣는 듯한 느낌을 준다. 반면, 보이저가 목성을 지날 때 전자기 에너지 파장을 수신하여 보내온 전파 데이터를 가청 주파수로 변환한 소리를 들어보면 장엄한 느낌을 주는 소리가 지속적으로 변조되면서 울린다. 목성의 자기마당이 지구 자기마당의 무려 4천 배 이상이라고 하니 그럴 만도 할 것이다. 흡사 피리 같은 관악기 음의 합창이 음계를 오르락내리락 하는 것처럼 들린다. 어떤 때는 전자장치를 사용한 에일리언의 노래를 듣는 듯한 착각이 들기도 한다. 이런 우주의 소리를 직접 경험해보고 싶으면 유튜브를 검색하면 금방 찾을 수 있다. [유튜브 검색어 ▶ Jupiter sounds]

A 별의 타고난 덩치(질량)는 그 별의 일생뿐만 아니라, 그 죽음의 모습까지도 결정한다. 그러니까 별의 체급마다 임종의 풍경이 크게 다르다는 뜻이다.

핵에너지를 생산할 수 있는 별이 되려면 최소한 태양 질량의 0.08배는 돼야 하므로, 그 이하의 소질량 별은 중심에서 핵에너지를 생산할 만한 압력과 온도가 올라가지 않아 이른바 갈색왜성으로 어두운 별의 일생을 살아간다. 전형적인 갈색왜성은 태양 질량의 1/100의 질량을 갖고, 중력 수축 에너지로 태양 밝기의 100만분의 1의 밝기로 희미하게 빛나며, 수명은 100조 년 이상으로 추정된다.

다음 체급은 태양 질량의 0.08에서 8배 이하의 별로, 우리 태양을 포함하는 체급이다. 이 별들은 일생의 약 90%를 주계열성으로 보내는 만큼 별의 수명 역시 거의 주계열성의 기간이라 할 수 있다. 태양의 경우는 수명을 약 140억 년 정도로 본다.

중심에서 수소를 태워 헬륨으로 바꾸는 핵융합 작용을 하는 태양은 주계열성 단계 중반부에 접어든 상태다. 앞으로 71억 년이 지나면 태양은 적색거성으로 진화한다. 그러면 중심핵에 있는 수소가 소진되면서 핵은 수축하고 가열된다. 적색거성 단계에서 태양은 극심한 맥동현상을 일으키다가 이윽고 외층을 우주공간으로 방출하고 행성상 성운이 된다. 행성상 성운의 껍질 부분이 우주공간 속으로 흩어져 시야에서 사라지기까지는 약 5만 년밖에 걸리지 않는다. 우주적 척도로 볼 때, 행성상 성운은 폭죽이 터지는 것과 비슷하게 극히 짧은 극적인 사건이다.

외층이 탈출한 뒤 남은 뜨거운 중심핵은 수십억 년에 걸쳐 천천히 식으면서 백색왜성이 된다. 이 항성진화 시나리오는 질량이 태양과 비슷하거나 좀더 무거운 중간질량의 별들이 겪는 운명이다.

다음 체급은 태양 질량의 8~25배인 대질량 별의 운명은 보다 극적이다. 무거운 별은 헬륨을 태우는 단계에서 적색 초거성으로 진화한다. 중심핵의 헬륨이 소진되면 이들은 헬륨보다 무거운 원소들을 순차적으로 융합하고 태워 탄소, 산소, 네온, 마그네슘, 실리콘, 그리고 끝으로 원자번호 26번인 철을 만들고 끝난다. 모든 핵 가운데 가장 강하게 결합하는 것이 철이기 때문이다. 한편, 별 속에서 만들어진 원소들은 양파 껍질처럼 별 속에 켜켜이 쌓인다.

별 속에서 핵에너지 생산이 중단되면 즉시로 대파국이 뒤따른다. 별이 자체의 중력을 지탱할 수 없어 급격한 중력붕괴에 이은 대폭발로 생을 마감하는 것이다. 거대한 별이 한순간에 폭발로 자신을 이루고 있던 온 물질을 우주공간으로 폭풍처럼 내뿜어버린다. 수축의 시작에서 대폭발까지의 시간은 겨우 몇 분에 지나지 않는다. 수천만 년 동안 빛나던 대천체의 종말치고는 허무할 정도로 짧은 순간이다. 이것이 바로 초신성 폭발이다.

초신성 폭발 순간에는 태양이 평생 생산하는 것보다 더 많은 에너지를 순간적으로 분출시키며, 태양 밝기의 수십억 배나 되는 광휘로 우주공간을 밝힌다. 빛의 강도는 수천억 개의 별을 가진 온 은하가 내놓는 빛보다 더 밝다. 우리은하 부근이라면 대낮에도 맨눈으로 볼 수 있을 정도로, 초신성 폭발은 은하 충돌과 함께 우주의 최대 드라마다. 태양보다 10배 질량인 별의 생애는 3,000만 년 정도로 마감된다.

그럼 철보다 무거운 원소들은 어떻게 만들어진 걸까? 모두 초신성 폭발이나 중성자별들의 충돌 때 엄청난 고온과 압력으로 순간적으로 만들어진 것이다. 따라서 양은 비교적 적은 편이다. 금이 쇠보다 비싼 것은 그런 이유 때문이다. 만약 당신의 손가락에 금반지가 끼워져 있다면, 그것은 어떤 초신성이 폭발할 때 만들어져 우주공간을 떠돌다가 지구가 생성될 때 섞여들어 광맥을 형성했고, 그것을 광부가 캐내어 금은방을 거쳐 당신 손가락에 끼워진 것이라고 보면 된다.

▶ 초신성 폭발의 잔해인 게성운(M1). 황소자리에 있으며, 거리는 약 6,500광년, 지름은 13광년이다. 1054년 출현하여 중국, 아랍 제국 등에 기록된 초신성 1054가 폭발하여 형성된 천체다.

대질량인 별의 마지막 진화 종착지는 초신성 폭발 후 중력붕괴를 일으킨 끝에 남게 되는 중성자별이다. 중성자별은 우주에서 존재하는 천체 중 가장 고밀도이지만 덩치는 아주 작다. 한 도시 크기만 한 지름 16km의 몸집에 태양의 질량의 두 배에 달하는 엄청난 질량을 가지고 있다. 찻술 하나의 중성자별 물질 무게는 약 10억 톤에 달한다.

태양 질량보다 25배 이상의 초질량 별은 정말 단명한다. 핵융합반응은 마찬가지로 철에서 끝나고 초신성 폭발을 일으키는 데까지는 같지만, 후사가 여느 별과는 딴판이다. 핵의 붕괴가 중성자별에서 그치지 않는다. 핵의 질량 자체가 태양 질량의 10~20배에 달하기 때문에 그 어떤 정상적인 물질도 별의 중력붕괴를 멈출 수가 없다. 그 결과 질량은 특이점으로 붕괴되며 마지막 잔해로 블랙홀을 남긴다. 이런 별은 겨우 태양의 2,000분의 1에 불과한 500만 년 만에 모든 생의 여정을 끝낸다.

그런데 이런 초신성의 폭발보다 그 뒷담화가 우리에겐 더욱 중하다. 인간의 몸을 구성하는 모든 원소들, 곧 피 속의 철, 이빨 속의 칼슘, DNA의 질소, 갑상선의 요오드 등 원자 알갱이 하나하나는 모두 별 속에서 만들어졌으며, 수십억 년 전 초신성 폭발로 우주를 떠돌던 별의 물질들이 뭉쳐져 지구를 만들고, 이것을 재료삼아 모든 생명체들과 인간을 만들었다는 사실이다.

이건 무슨 비유가 아니라 과학이고 사실 그 자체다. 그러므로 우리는 알고 보면 어버이 별에게서 몸을 받아 태어난 별의 자녀들인 것이다. 말하자면 우리는 별먼지로 만들어진 '메이드 인 스타made in stars'인 셈이다.

이게 바로 별과 인간의 관계, 우주와 나의 관계인 것이다. 이처럼 우리는 우주의 일부분이다. 그래서 우리은하의 크기를 최초로 잰 미국의 천문학자 할로 새플리는 이렇게 말했다. '우리는 뒹구는 돌들의 형제요, 떠도는 구름의 사촌이다.' 이것이 바로 우리 선조들이 말한 물아일체物我一體다.

31 초신성 폭발은 우리에게 위험한가요?

A 초신성 폭발은 그 거리가 얼마인가에 따라 인류에게 치명적인 사건이 될 수도 있다. 질량이 태양보다 8배 이상 무거운 별들이 항성진화의 마지막 단계에서 대폭발로 생애를 마감하는 방식이 바로 초신성 폭발이다. 말하자면, 새로운 별이 아니라, 늙은 별의 임종인 셈이다. 이 별의 폭발은 태양 밝기의 수십억 배나 되는 광휘로 우주공간을 밝혀, 우리은하 부근이라면 대낮에도 맨눈으로 볼 수 있을 정도다.

우리 태양계도 이런 초신성의 폭발로 비롯되었다. 46억 년 전 가스와 분자들로 이루어진 몇 광년 크기의 원시구름(태양계 성운)이 떠돌던 한 우주공간 부근에서 초신성의 폭발이 일어났고, 그 충격파로 원시구름의 중력 균형이 무너져 한 점으로 붕괴하기 시작함으로써 태양계 형성의 첫발을 내딛었다.

초신성 폭발은 한 은하당 100년에 두세 번 꼴로 일어나는데, 우리 은하에서 가장 최근에 일어난 초신성 폭발은

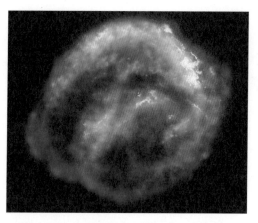

▶ 케플러 초신성. 우리은하에서 가장 최근에 일어난 초신성 폭발로 1064년 케플러가 본 것이다.

약 400년 전인 1064년 케플러가 본 것이었다. 그래서 그 초신성은 케플러 초신성이라 불린다.

그후 400년 동안 조용했던 우리은하에 초신성 폭발 후보가 하나 떠올랐다. 과학자들에 따르면, 오리온자리의 적색 초거성인 베텔게우스가 조만간에 수명이 다해 초신성으로 폭발할 거라 한다. 천문학에서 조만간이라 하면 오늘 내일일 수도 있고 수만 년일 수도 있지만, 어쨌든 베텔게우스가 폭발하면 지구에는 최소한 1~2주간 밤이 없는 상태가 계속될 거라 한다.

베텔게우스는 지구로부터 640광년이나 떨어져 있다. 그러니까 지금 내가 보고 있는 베텔게우스의 붉은 별빛은 이성계가 위화도에서 고려 군사를 되돌릴 무렵 그 별에서 출발한 빛인 셈이다.

베텔게우스의 크기는 더욱 놀랍다. 지름이 무려 12억km로 태양의 900배에 달하는 초거성이다. 이건 과연 얼마만한 크기일까? 만약 베텔게우

스를 우리 태양의 자리에다 갖다놓는다면 그 표면은 소행성대를 넘어 목성 궤도에 육박할 것이고, 수성, 금성, 지구, 화성은 확실히 베텔게우스에 먹혀 사라질 것이다.

우리 태양 같은 별은 보통 약 100억 년을 살지만, 이런 덩치 큰 별들은 강한 중력으로 인해 급격한 핵융합이 일어나므로 연료 소모가 빨라 얼마 살지 못한다. 베텔게우스는 아직 1천만 년이 채 안되었는데도 임종의 증세를 보이고 있는 것이다.

문제는 베텔게우스의 정확한 폭발시점으로, 과학자들은 향후 100만 년 이내에 언제라도 가능하지만, 내년이 오기 전에 일어날 가능성이 있다고 말했다. 어쩌면 벌써 터졌을 수도 있다. 그래 봤자 우리는 640년 후에나 알 수 있을 테니까 말이다.

하지만 베텔게우스가 터지더라도 지구로부터 640광년이나 떨어져 있어 지구에 미치는 영향은 미미할 것으로 보인다. 그러나 이런 초신성이 태양계 가까이에서 터진다면 인류와 지구의 운명은 누구도 예측할 수가 없게 될 것이다.

베텔게우스만 한 거리가 아니라, 상당히 가까운 우주공간에서 초신성 폭발이 일어난다면, 폭발시에 방출되는 X선과 감마선이 인체에 아주 나쁜 영향을 미칠 수도 있다. 감마선은 특히 사람의 유전인자를 파괴할 수 있는 고에너지 전자기파다. 이러한 전자기파는 시간이 흐름에 따라 급격히 감소한다.

어쨌든 초신성이 폭발한 부근의 우주공간은 은하적인 체르노빌 지역이 되어 유해한 고에너지 방사선으로 가득 차게 된다. 그러니까 여러분은 절대로 초신성 부근에서 어슬렁거리지 말기 바란다. [유튜브 검색어 ▶ 베텔게우스 폭발]

A 초신성과 신성은 서로 다른 것이다. 사실 초신성이란 늙은 별이 생의 마지막 순간에 대폭발을 하는 것을 가리키는 말로, 정확하게는 초신성 폭발이라 한다. 별이 없던 하늘 영역에서 갑자기 엄청 밝은 별이 나타난 것처럼 보여 옛사람들이 초신성이라고 이름 붙였을 뿐으로, 신성과는 아무런 상관이 없는 늙은 별의 임종이다. 우리나라에서는 잠시 머물다 사라진다는 의미로 객성客星(손님별)이라고 불렀다.

초신성 폭발은 태양 질량의 8배 이상 되는 별이 맞는 임종의 한 방식으로, 중심핵의 수소 핵융합으로부터 시작된 별의 일생에서 헬륨, 탄소, 산소, 네온, 마그네슘 등 무거운 원소들을 순차적으로 태우다가 원자번호 26번인 철을 만들고 끝난 후 더 이상 축압을 견디지 못하고 중력붕괴에 이은 대폭발로 생을 마감하는 것이다. 거대한 별이 한순간의 폭발로 자신을 이루고 있던 온 물질을 우주공간으로 폭풍처럼 내뿜어버린다. 이것이 바로 초신성 폭발이다.

이러한 초신성 폭발은 우리은하에서 100년에 두세 번쯤 일어나는 것으로 잡혀 있는데, 최근의 사례로는 1572년 튀코 브라헤(1546~1601)가 관측한 튀코 초신성, 그로부터 32년 뒤인 1604년 요하네스 케플러(1571~1630)에 의해 관측된 케플러 초신성이 있다. 그후 4세기가 흐르도록 우리은하에서는 초신성 폭발이 없었다. 그래서 천문학자들은 위대한 천문학자가 있을 때만 초신성이 폭발한다는 우스갯소리를 하기도 한다.

초신성에도 종류가 갈린다. 1형과 2형으로 크게 나뉘는데, 1형은 앞에서 말한 대로 핵융합이 끝난 거대한 별의 중심핵이 중력붕괴하여 초신성 폭발에 이르는 것이다. 이에 비해 2형은 별의 시체라고 할 수 있는 백색왜성

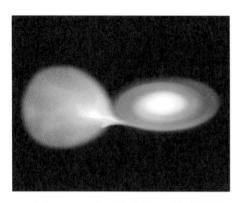

▶ 동반성으로부터 물질을 빨아들이고 있는 백색왜성의 개념도.

이 짝별로부터 물질을 빼앗아 대폭발로 이어지는 초신성 폭발이다. 짝별의 물질이 백색왜성에 내려쌓이는 것을 강착 현상이라고 하는데, 이렇게 쌓인 물질로 인해 별의 질량의 태양 질량의 1.44배에 이르면 중심핵 온도의 상승으로 탄소 핵융합의 방아쇠가 당겨져 열폭주가 일어나고 초신성 폭발로 이어진다. 이러한 초신성 폭발을 1a형 초신성이라 한다.

태양 질량의 1.44배라는 백색왜성의 이 특정한 한계 질량을 발견한 사람은 인도 출신의 미국 천문학자 찬드라세카르(1910~1995)이기 때문에 그의 이름을 따 찬드라세카르 한계라 불린다. 블랙홀의 존재를 이론적으로 예측하기도 한 찬드라세카르는 별의 진화 연구 업적으로 1983년 노벨 물리학상을 받았다.

그런데 일반적으로 초신성의 밝기는 별의 질량에 따라 달라진다. 하지만 1a형 초신성은 이런 초신성과는 달리 일정한 질량의 별이 폭발하는 것이므로 일정한 최대 밝기를 가지며, 따라서 자신이 속해 있는 은하까지의 거리를 측정할 수 있게 해주는 표준촛불로 사용될 수 있다. 1998년에 밝혀진 우주의 가속팽창도 이 1a형 초신성들을 조사함으로써 관측된 것이다. 최근의 우주론에서 가장 획기적인 발견으로 인정되고 있는 우주 가속팽창을 독립적으로 발견한 두 팀의 천문학자들에게 2011년 노벨 물리학상이 돌아갔다.

그러면 신성은 어떻게 다른가? 신성新星의 정체는 이미 핵융합을 끝낸 백색왜성이다. 이 백색왜성이 적색거성이나 적색초거성과 짝별을 이루는 쌍성일 경우 신성으로 발돋움할 수 있다. 맨눈이나 망원경으로도 잘 보이지 않을 정도로 어둡던 별이 갑자기 밝아져 며칠 만에 밝기가 수천 배에서 수만 배에 이른 후 서서히 어두워져, 며칠 내지 몇 주일 사이에 원래의 밝기로 돌아가는 별을 보고 서양에서는 신성(nova)이라 명명했고, 동양에서는 객성客星(손님별)이라고 불렀다. 우리은하에서 매년 수십 개의 신성이 출현하는 것으로 보이나 그중 관측되는 것은 몇 개 안된다.

그렇다면 어둡던 별이 왜 이렇게 갑자기 발광을 하는 걸까? 짝별로부터 흘러드는 물질이 그 원인이다. 주로 수소나 헬륨으로 이루어진 기체가 백색왜성의 표면에 내려쌓이면 이윽고 백색왜성의 높은 중력으로 인해 압축, 가열되고, 가열된 수소는 핵융합을 일으켜 신성으로 등장한다. 얼마 후 수소를 소진한 신성은 마침내 헬륨 핵융합을 시작하고, 매초 수백km에서 수천km의 속도로 가스를 우주공간으로 분출한다. 신성은 별 전체가 폭발하는 것이 아니라 별표면의 얇은 층이 폭발하는 것으로, 이 표면층의 팽창 때문에 별 전체가 팽창하는 것같이 보인다. 표면층이 우주공간으로 흩어져버린 후에는 별의 광도나 색깔이 원래의 상태로 되돌아간 것처럼 보인다. 이것이 신성의 짧은 생애다.

가끔 아주 가까운 곳에서 밝은 신성이 나타나는 경우도 있다. 그럴 때는 맨눈으로도 관측이 가능하다. 최근의 사례로는 1975년 8월 29일의 백조자리 V1500이 있다. 이 신성은 백조자리 알파별 데네브에 맞먹는 겉보기등급 2.0까지 이르렀다.

33 가까운 시일 안에 초신성이 될 듯한 별이 있나요?

A 오리온자리의 알파별 베텔게우스와 용골자리 에타별이 유력한 후보다.

과학자들에 따르면, 용골자리 에타별(에타 카리나)은 지금껏 발견된 별 중에서 최대 질량을 자랑하는 별로, 우리 태양 질량의 약 100배 정도로 크며 밝기는 태양의 약 500만 배다. 구약성서에 등장하는 거대한 수륙양서 괴수의 이름을 붙여 베헤모스라고도 한다.

이 별이 결국 조만간 폭발하게 될 거라 한다. 하지만 천문학에서 조만간이란 며칠에서 몇백만 년 사이를 오락가락하니까 그때가 내년일지, 백만 년 후일지는 알 수 없다.

에타가 폭발하면 낮에도 에타의 섬광을 볼 수 있고, 밤에는 책을 읽을 정도로 밝아질 것으로 보는 과학자도 있다. 하지만 에타별의 자전축이 지구를 향하고 있지 않기 때문에, 그 엄청난 폭발도 지구에는 별 영향을 주지 않을 것이라 한다. 초신성 폭발로부터 안전하게 있을 수 있는 한계는 10광년에서 50광년쯤이다. 다행히 이 범위 내에서 초신성이 될 만한 별은 하나도 없다.

흔히 에타 카리나로 불리는 이 용골자리 에타는 극대거성이다. 에타별처럼 태양 질량의 100배가 넘는 천체들은 태양보다 약 백만 배 정도 밝게 빛난다. 이들은 우리은하 내에서 매우 희귀한 존재들로, 통틀어 수십 개 정도 있을 것으로 추정되고 있다.

기록을 보면, 약 150여 년 전 에타별에서 이상한 폭발이 발생하며 당시 남반구 하늘에서 가장 밝은 별로 등극했다. 열쇠구멍 성운 내에 있는 에타 카리나는 자연발생적인 레이저 빛을 방출하는 유일한 항성이다.

에타별의 가장 특이한 천체물리학적 특징은 1843년 이래 계속 관측되고 있는 큰 규모의 폭발들(초신성 위장 현상이라고 함)이다. 몇 년 동안 에타별은 초신성 폭발과 비슷한 가시광선 밝기를 보여주었으나 최후를 맞지는 않았다. 이는 아직까지도 항성의 마지막 진화 단계를 밟고 있다는 뜻이다.

▶ 열쇠구멍 성운 속에서 빛나는 에타 카리나. (NASA/ESA)

1996년 촬영된 위의 사진은 이 떠돌이별을 둘러싸고 있는 기묘한 모양의 성운을 손에 잡힐 듯이 보여준다. 이제 두 개의 덩어리가 뚜렷이 구분되어 보이며, 중심의 뜨거운 영역과 복사의 흐름을 볼 수 있다. 이 덩어리들은 중심부 근처에서 분출되는 자외선을 흡수하는 가스와 먼지떠로 가득 차 있다. 길게 뻗은 줄무늬들의 정체는 아직도 풀리지 않고 있는 수수께끼다.

용골자리 에타는 남반구 하늘의 용골자리에 있으며, 지구에서의 거리는 약 7,500광년이다. 북위 27도 이하에서만 관찰이 가능하다.

34 지구의 종말을 가져올 별은 없나요?

A 미래의 일이기는 하지만, 지구를 심각하게 위협할 한 별을 천문학자들이 주목하고 있다. 현재 지구로부터 약 63광년 떨어져 있는 뱀자리의 글리제 710이라는 별인데, 장차 지구에 1.1광년까지 접근할 것으로

전망되고 있다. 이 별은은 오렌지색 왜성으로, 겉보기등급은 9.66이며, 질량은 태양의 0.5배다.

이 같은 사실은 NASA의 과학자들이 히파르코스 위성의 최신 데이터를 사용해, 앞으로 100만 년 내에 태양 근방을 지나는 별을 도출해본 결과 알아낸 것이다. 히파르코스 관측에 따르면, 글리제 710의 고유운동, 거리, 시선속도 등을 고려할 때, 이 별은 약 1,360만 년 내에 지구에 1.1광년까지 접근할 것으로 보인다. 이 정도 거리에서 글리제 710의 밝기는 안타레스와 비슷한 수준인 1등성 정도로 밝게 보인다.

글리제 710이 1.1광년 이내로 접근하면 오르트 구름 안으로 진입하게 된다. 그러면 오르트 천체들이 태양계 안쪽으로 방향을 바꾸어 혜성의 비를 뿌리게 될 가능성이 있으며, 우리 생활을 수천 년 동안 위협하는 동시에, 밤하늘은 상당한 장관을 이룰 것이다. 또한 지구에 소행성이 충돌하는 재앙이 발생할 확률을 급증시키는데, 과학자들은 글리제 710이 태양 근처를 지나가면서 지구가 천체 충돌을 겪을 확률의 순수 증가율은 5%를 넘지 않을 거라고 추산했다.

35 예수 탄생 때 정말 베들레헴 별이 있었나요?

A 베들레헴의 별(Star of Bethlehem)이란 신약성경 마태오 복음서에 등장하는 별로, 예수 탄생 때 동방박사들이 이 별을 따라 베들레헴으로 와서 아기 예수를 영접했다는 이야기가 실려 있다. 이에 대해서는 오랜 세월 동안 수많은 의견들이 제시되었지만, 아직까지 정설은 없다.

그래도 가장 신뢰할 만한 설로 천문학자들은 초신성이나 행성의 회합을 상정하고 있다. 하지만 어느 것도 납득할 만한 설명에는 이르지 못한다. 특히 초신성설은 밝기가 최대에 달하기까지 일주일, 소멸하기까지 수개월로 상당한 시간이 걸리는 현상이라는 점에서 완전히 제외되고 있다. 또한 2,000년 전에 나타난 초신성 데이터는 존재하지 않는다.

▶ 〈세 동방박사의 경배〉. 이탈리아 피렌체의 화가 조토 디 본도네가 그렸다. 아기 예수 위쪽에 혜성이 보인다. 조토는 1301년 핼리 혜성을 직접 관측한 적이 있다.

행성들의 회합이라는 설은 기원전 2년 6월 17일에 진기하게도 금성과 목성의 회합이 있었다는 사실에 기초하고 있다. 금성과 목성은 서쪽 하늘에서 보름달 크기보다 작은 25.5초각 이내로 접근했고, 그때 금성은 1등성의 약 100배, 목성은 약 10배 밝았기 때문에 두 별의 밝기가 보태져 고대 사람들이 유대인과 결합시키고 있던 성자인 사자자리 안에 있는 한 휘성처럼 보였을 것이므로, 이것이 베들레헴의 별이 되었을 가능성이 높다고 주장한다.

최근에 또 다른 행성들의 회합을 말하는 가설이 나왔는데, 미국의 천체물리학자인 그랜트 매튜 교수에 따르면, 예수 탄생일 밤 베들레헴에 나타난 천문현상은 태양과 목성, 달, 토성이 양자리에 정렬하고, 금성은 물고기자리, 수성과 화성은 반대편인 황소자리에 있었던 일종의 희귀한 행성정렬이다. 기원전 6년에 이 같은 행성정렬이 일어났을 때, 양자리는 봄이 시작되는 춘분점에 위치해 있었다.

고대 바빌론과 메소포타미아의 조로아스터교 사제인 세 동방박사들은 이 같은 천문현상을 유다 땅에 새로운 왕의 탄생을 알리는 징조로 받아들였다. 그들에게 목성과 달은 특별한 운명을 가지고 태어난 왕의 탄생을 상징하며, 토성은 생명을 상징하는 것이다.

이 같은 행성들의 정렬은 아주 드문 천문현상으로 16,000년 후에나 다시 볼 수 있게 된다. 하지만 그때는 춘분점이 양자리에 위치하지는 않을 것이다. 베들레헴의 별과 같은 천문현상이 다시 일어나려면 한 50만 년은 기다려야 한다.

chapter
3

별과 별 사이를 들여다본다

성운과 성단

큰 성당 안에 모래 세 알을 던져넣으면
성당 공간의 밀도는 수많은 별들을
포함하고 있는 우주의 밀도보다 높게 된다.

│ 제임스 진스 • 영국의 천문학자 │

A 성운星雲이란 한 마디로 성간 공간을 떠도는 구름 같은 기체 덩어리라 할 수 있다. 수소와 헬륨이 거의 대부분이지만, 별먼지와 약간의 중원소를 포함하고 있다. 성운을 영어로는 네뷸러Nebula라 하는데, 안개를 뜻하는 라틴어(nebula)에서 나왔다.

성운은 은하계 안에서뿐만 아니라 외부은하에서도 많이 관측되고 있다. 한때 성운과 외부은하를 구별할 수 없었던 시기에 외부은하를 성운이라고 부른 적이 있으나 오늘날에는 확실히 구분한다.

보통 성운들은 성간물질이라 불리는 가스의 중력수축으로 형성된다. 성간물질의 질량에 따라서 중력붕괴의 낙하 중심에 별들이 생성된다. 우리 태양계도 46억 년 전 이러한 성운에서 탄생된 것이다. 아름답고 다채로운 성운들은 우주에서 가장 매력적인 볼거리로, 별지기들의 인기 관측 품목이다. 주로 은하면에 모여 있는 성운은 주변 별의 영향과 그 구성성분, 모양 등에 의해 크게 암흑성운, 발광성운, 반사성운으로 나뉜다.

암흑성운은 높은 밀도의 가스와 티끌이 뒤에서 오는 밝은 별빛이나 성운의 빛을 가려 어둡게 보이는 성운으로, 오리온자리의 말머리 성운(IC 434), 남십자자리의 석탄자루 성운(C 99)이 유명하다.

발광성운은 가스와 티끌이 주변의 뜨거운 별에 의해 가열되어 스스로 빛을 내는 성운으로, 대표선수는 백조자리의 북아메리카 성운(NGC 7000)과 면사포 성운(NGC 6960), 오리온자리의 오리온 성운(M42) 등이다.

반사성운은 발광성운처럼 빛을 내지만, 스스로 빛을 내는 것이 아니라 주변의 별이 내는 빛을 성운 안의 입자들이 거울처럼 반사시키는 성운이다. 발광성운이 주로 붉은빛을 띠는 데 비해 반사성운은 푸른빛을 낸다. 오

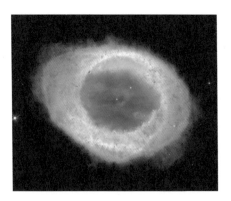

▶ 가장 아름답고 유명한 행성상 성운으로 꼽히는 고리성운(M57). 거문고자리에 있다. 거리는 2,300광년. 지름은 약 2.5광년이다.

리온자리의 마귀할멈 성운, 플라이아데스 성단을 둘러싼 성운이 반사성운의 대표적인 예이며, 적색초거성 안타레스는 붉은색의 반사성운으로 둘러싸여 있다. 현재까지 약 500개의 반사성운이 발견되었다.

이 같은 성운들은 종종 별 탄생 지역을 형성한다. 가장 유명한 성운으로 독수리 성운이 있는데, 유명한 혜성 사냥꾼인 프랑스의 샤를 메시에가 1764년에 발견한 것이다. 여름철 별자리인 뱀자리에 있는 이 성운은 붉은색을 띠며, 크기는 무려 70×55광년에 이른다. 독수리 성운 중심부의 기둥 모양으로 생긴 부분에서는 활발한 별 형성이 이루어지고 있는데, NASA의 허블 우주망원경이 이 기둥들을 찍어 창조의 기둥이라 이름 붙였다.

이밖에도 초신성 폭발로 인해 남겨진 성운도 있다. 초신성 폭발 후 이온화된 물질들이 떨어져나가 만들어진 초신성 잔해로, 황소자리의 게성운이 좋은 예다. SN 1054로 불리는 게성운은 1054년에 발견되었고, 이 성운 중심에는 폭발하는 동안에 만들어진 중성자별이 존재하고 있다.

관측된 가장 어린 초신성 잔해 중 하나는 1987년 2월에 대마젤란 은하에서 발생했던 SN 1987A에서 형성된 것이다. 다른 유명한 초신성 잔해로는 튀코 브라헤의 이름을 따 붙여진 튀코 초신성 SN 1572의 잔해, 그리고 요하네스 케플러의 이름을 딴 케플러 초신성 SN 1604의 잔해가 있다. 또한 우리은하에서 가장 어린 초신성 잔해는 은하 중심에서 발견된 G1.9+0.3이다.

또 다른 종류의 성운으로는 행성상 성운行星狀星雲이 있다. 태양급 질량의 별이 생의 마지막에 적색거성이 되어 우주공간에다 토해놓은 별의 겉껍질이 만든 성운으로, 저배율 망원경으로 볼 때 행성처럼 보인다고 해서 행성상 성운이란 이름이 붙여졌을 뿐, 행성하고는 아무런 관계도 없다. 성분은 97%가 수소이고 3%는 헬륨이다. 대표선수는 나선성운, 고리성운, 올빼미성운, 레몬조각 성운 등이다.

밤하늘에서 가장 매력적이 관측대상 중의 하나가 이들 행성상 성운이다. 특히 거문고자리의 고리성운(Ring Nebula)은 처음 보는 사람이라면 그야말로 '심쿵'을 경험하게 된다. 마치 우주의 신이 아득한 우주공간에다 담배 연기 한 모금을 뱉어놓은 듯한 형상은 한동안 눈을 떼지 못하게 하는 매력을 갖고 있다.

37 성단이란 무엇인가요?

A 성단星團(star cluster)은 중력으로 뭉쳐져 있는 별들의 무리를 일컫는 말로 크게 구상球狀성단과 산개散開성단으로 나뉜다.

구상성단은 대략 1만 개에서 수백만 개에 이르는 별들이 10~30광년 지름의 공 모양으로 뭉쳐 있는 집단이다. 이들은 대부분 우주의 나이보다 수억 년 정도 어린 늙은 항성종족에 속하기 때문에 표면 색깔은 노랗거나 붉고, 질량은 태양의 2배 미만이다.

▶ 센타우루스자리 오메가 성단.

우리은하에서 구상성단은 은하 중심부 근처에 있는 은하 헤일로 주변에 구형에 가까운 형태로 분포해 있다. 1917년 미국의 천문학자 할로 섀플리는 구상성단의 분포를 이용하여 최초로 은하 중심에서 태양계 사이의 거리를 구했다. 이전까지는 태양계가 우리은하에서 어느 정도 위치에 있는지 정확히 몰랐다. 우리은하에는 약 150개의 구상성단이 있으며, 이들 중 일부는 M79처럼 우리은하의 중력에 의해 원래 있던 작은 은하에서 끌려온 것도 있다.

구상성단 중 일부는 맨눈으로도 볼 수 있다. 가장 밝은 센타우루스자리 오메가는 16,000광년 거리에 있는 성단으로, 지름 150광년 안에 1천만 개의 별을 빽빽하게 뭉쳐놓고 있다. 미국 물리학자 리처드 파인만은 오메가 성단을 보고도 중력의 존재를 느끼지 못한다면 영혼이 없는 사람이라 말한 적이 있다.

산개성단은 은하 헤일로 주변에 구형으로 포진하고 있는 구상성단과는 달리 주로 은하면의 나선팔에서 발견되므로 은하성단이라 불리기도 한다. 이들은 대개 젊은 별로, 나이는 고작 수억 살 정도다. 구성원 숫자는 대략 수천 개, 성단의 지름은 약 30광년이다. 별이 몇 개 없기 때문에 중력으로 헐겁게 묶여 있으며, 분자구름이나 다른 성단의 영향으로 쉽게 흩어지기도

* 센타우루스자리 오메가 성단. 지름 150광년 안에 1천만 개의 별을 빽빽하게 뭉쳐놓았다. (NASA)

한다.

가장 유명한 산개성단은 황소자리에 있는 플레이아데스(좀생이별)와 히아데스 성단, 페르세우스자리의 이중성단(NGC 869/NGC 884) 등이다. 두 산개성단으로 이루어진 이중성단은 저배율로 보면 아름다운 모습이 한눈에 들어온다. 두 성단까지의 실제 거리도 7,600광년과 6,800광년으로, 우주공간에서의 거리도 그리 멀지 않다.

산개성단의 구성원들이 서로를 묶고 있는 중력에서 풀려나면, 각각 우주공간을 비슷한 경로를 그리면서 이동하는데, 이들을 성협(star association) 또는 이동성단이라 한다.

38 성운 – 성단 이름 앞에 붙어 있는 M이나 NGC는 뭔가요?

A 둘 다 천체목록을 가리키는 문자로, M은 18세기 프랑스 천문학자 샤를 메시에의 머릿글자이고, NGC는 19세기 아일랜드 천문학자 드라이어가 편찬한 '뉴 제너럴 카탈로그'의 약칭이다.

샤를 메시에(1730~1817)는 14살인 1744년 여섯 꼬리가 발달한 대혜성을 관측하고, 1748년에는 마을에서 금환일식을 관측한 것이 그를 천문학으로 이끌었다. 1751년 프랑스 해군 천문대에 들어가 본격적인 천체관측을 시작했는데, 메시에의 첫 관측기록은 1753년 5월 6일의 수성의 일면통과였다.

1759년 핼리가 예언했던 핼리 혜성의 회귀를 관측한 후, 거의 15년 동안 혜성 발견을 독차지하여 막강한 혜성 사냥꾼으로 이름을 날렸다. 그는 혜성 관측뿐 아니라, 성운 – 성단 관측에도 열성적이었는데, 천구에서 움직이

▶ 메시에 목록을 남겨 수많은 사람들을 우주로 안내한 프랑스의 샤를 메시에. (wiki)

는 천체와 움직이지 않고 제자리를 지키는 천체를 쉽게 구별하여 혜성과 헷갈리지 않기 위해서였다.

이러한 작업을 하다 보니, 다른 혜성 관측자들에게도 성운－성단 정보를 알려줄 필요가 있다고 생각하여, 1774년 성운과 성단, 은하 등의 목록을 출간했다. 이것이 바로 〈메시에 목록〉으로, 메시에는 혜성 발견보다 이 목록으로 천문학사에 불멸의 이름을 남겼으며, 메시에 목록은 후세 별지기들에게 부동의 베스트셀러가 되었다.

1774년 프랑스 과학 아카데미의 학술지에 출판된 메시에 목록의 첫 판에는 45개의 천체가 실렸고, 최종판인 1781년 판에는 103개 천체가 올랐다. 그후 천문학자와 역사학자 등이 메시에와 그의 친구, 조수인 피에르 메생 등이 관측한 일곱 천체를 목록에 추가하여, M1부터 M110까지를 공식적인 메시에 천체라 부르며 전문가와 아마추어 천문가들이 널리 애용하고 있다. 별지기 치고 이 메시에 목록을 거쳐가지 않은 사람이 없다. 이처럼 메시에 목록을 남겨 수많은 사람들을 우주로 안내한 공을 기리는 뜻에서, 달의 크레이터와 소행성 하나에 각각 메시에란 이름이 붙여졌다.

메시에 목록 맨 처음에 실려 있는 M1은 황소자리의 게성운이며, 안드로메다 은하는 M31, 오리온 성운은 M42로 되어 있다. 이 목록은 메시에가 프랑스 파리에서 관측한 것을 바탕으로 만들어진 것인 만큼 남천의 성운－성단은 실려 있지 않다.

메시에 천체 110개를 하룻밤에 다 보려면 위도상 제한이 따르지만, 이론적으로는 춘분 근처의 맑은 날 밤을 잡아 밤샘을 하면 된다. 그래서 별지기들이 하룻밤에 메시에 천체 중 누가 가장 많은 개수를 보는가, 기량을 겨루는 메시에 마라톤 대회를 연다. 우리나라 아마추어 천문가들도 매년 춘분날 어름에 메시에 마라톤을 개최한다. 이 메시에 마라톤에 참여해 별밤하늘을 한번 뛰는 것이 별지기들의 로망이라 할 수 있다. 당신도 관심 있다면 동호회의 메시에 마라톤에 참여할 수 있다.

〈뉴 제너럴 카탈로그NGC〉는 1888년 덴마크 출신인 아일랜드의 천문학자 존 드라이어가 작성한 것으로, 7,840개의 천체를 포함하고 있다. 이 목록은 성단-성운에만 국한하지 않고 모든 유형의 심우주 천체를 포함하는 가장 포괄적인 목록으로, 일반적으로 성운, 성단, 은하 등을 이 항성목록의 번호로 부른다. 예컨대 게성운 M1은 NGC 1952, 안드로메다 은하 M31은 NGC 245다.

39 행성상 성운은 왜 모양이 갖가지인가요?

A 행성상 성운(planetary nebula)은 발광성운의 일종으로, 대개 태양의 8배 이하 질량을 가진 별이 생의 마지막 단계에 적색거성이 된 후 외피층을 뿜어내 만든 것이다. 별의 외피층이 강력한 항성풍에 의해 바깥쪽으로 방출되고 나면 노출된 고온의 항성핵이 자외선을 내뿜어 팽창한 외피층을 정리시키고, 흡수된 자외선은 중심별 주위의 흐릿한 기체를 들뜨게 만들어 다채로운 행성상 성운을 조각하는 것이다.

그런데, 행성상 성운은 행성하고는 아무런 관계도 없다. 망원경으로 볼 때 행성처럼 원반 모양으로 보여 그렇게 이름 붙였을 뿐이다. 행성상 성운이라는 용어를 처음 쓴 사람은 천왕성을 발견한 영국의 윌리엄 허셜

▶ 나선성운. 사람의 눈동자와 흡사한 형태로 인해 '신의 눈동자'로 불리고 있다. (NASA)

(1738~1822)이다. 약간 오해의 소지가 있긴 하지만 허셜의 이 용어는 지금까지 그대로 사용되고 있다.

아름다운 행성상 성운의 수명은 얼마나 될까? 기껏해야 5만 년을 넘기지 못하는 걸로 알려져 있다. 미인박명이다. 어미별이 100억 년의 장수를 누린 것에 비하면 거의 찰나에 지나지 않는다. 우주적 규모에서 볼 때 마치 폭죽이 밤하늘에서 잠시 빛나다 스러지는 것이나 다를 바 없다.

최근 허블 우주망원경이 관측한 바에 의하면, 많은 행성상 성운들이 형태학적으로 실로 복잡 다양한 구조를 하고 있음이 밝혀졌다. 구형의 모양을 이루는 것은 5분의 1쯤이고, 절대 다수는 비대칭적인 모양을 하고 있다.

이러한 모양들을 만드는 정확한 원인은 아직 명확히 밝혀지지 않았으나, 몇 가지 가설에 따르면, 먼저 두 종류의 항성풍이 상호작용함으로써 이러한 형태를 조각하는 걸로 보인다. 행성상 성운의 중심에 있는 백색왜성은 진화과정에서 저속과 고속의 두 가지 항성풍을 방출하는데, 이 항성풍이 별과 성운 사이의 공간 구석구석을 돌아다니며 이 같은 다양한 형태를 만드는 걸로 보고 있다. 이 가설로만 설명되지 않는 복잡한 형태에 대해서는 중심별의 자기마당이 항성풍에 미치는 영향과, 중심별이 쌍성을 이루고 있는 경우 항성풍의 방향을 불균일하게 만드는 것 등이 원인으로 상정되고 있다.

행성상 성운을 다양하게 보이게 하는 또 다른 이유로는 지구에서 보는 시선방향을 들 수 있다. 예컨대 통 모양의 행성상 성운의 경우 보는 각도에 따라 통이나 고리 모양으로도 보인다.

특히 인상적인 행성상 성운을 하나 소개하자면, 물병자리의 나선성운(Helix Nebula)을 들 만하다. 고리성운과 비슷한 모양을 한 이 유명 성운은 사람의 눈동자와 흡사한 형태로 인해 신의 눈동자(Eye of God)로 불리고 있다. 지구로부터 650광년 떨어져 있는 나선성운은 겉보기등급 13.5등급, 크기 5.1광년이며, 현재도 초속 31km의 속도로 팽창하고 있다. 이 성운의 과거는 우리 태양과 같은 별이었다. 그러므로 당신이 지금 보는 나선성운의 모습은 70억 년 후 우리 태양의 모습을 미리 보는 거나 진배없다.

40 좀생이별이란 어떤 별인가요?

A 좀생이별? 갸웃하다가도 '플레이아데스 성단' 하면 아하! 하고 고개를 끄덕거릴지도 모르겠다. 밝은 별들이 오종종 모여 있는 이 성단은 예로부터 하도 유명해서 고대로부터 우리나라를 비롯해, 중국, 일본, 페르시아, 에보리진, 마야 등 전세계 여러 문화권에서 그 전통에 따라 각각 다른 의미를 지닌 이름들을 지니고 있다.

플레이아데스 성단은 겨울철 북반구와 남반구 양쪽에서 모두 잘 보이며, 문화권에 그 존재가 알려져왔다. 플레이아데스를 묘사한 가장 오래된 물건은 청동기 시대에 만들어진 네브라 하늘원반(Nebra Sky Disc)으로, 그 연대는 기원전 1600년경이다.

플레이아데스는 원래 그리스 신화에 나오는 님페 일곱 자매로 아틀라스의 딸들이다. 전설에서는 짝사랑하는 미남 사냥꾼 오리온에게 쫓기다 모두

▶ 유명한 산개성단인 황소자리의 플레이아데스 성단. 우리말로 좀생이별이라 하며, 맨눈으로도 보인다.

별자리가 되어 플레이아데스 성단을 이루었다고 한다.

우리나라에서는 좀생이별이라 하지만, 페르시아에서는 나히드, 중국에서는 묘성昴星, 일본에서는 스바루로 불린다. 일본 SUV차 중에는 스바루란 브랜드가 있는데, 상표를 보면 별 6개를 달고 있다.

지구에 가장 가까운 산개성단 중 하나인 좀생이별은 황소자리에 위치한 산개성단으로, 거리는 약 440광년이며, 메시에 목록에는 M45로 실려 있다. 밤하늘에서 맨눈으로 가장 확실히 알아볼 수 있는 성단인 좀생이별은 맨눈으로는 6, 7개의 별만 보이지만, 망원경으로 보면 수많은 푸른색 별들이 현란하게 반짝이는 장관을 이룬다. 성단의 핵심부 반지름 8광년, 중력이 미치는 범위 반지름 약 43광년 안에 모여 있는 별의 총수는 1천 개가 넘는다.

성단의 나이는 그 성단을 구성하는 별들의 색깔과 밝기 분포를 별의 진화이론 계산에 대입하면 구할 수 있는데, 청색 별들이 가장 두드러지게 보이는 좀생이별의 나이는 약 1억 1천만 년으로 추정되며, 이 별들은 최근 1억 년 안에 만들어진 것으로 보인다. 태양이 생겨난 것이 약 46억 년 전임에 비추어보면 상당히 젊은 성단임을 알 수 있다. 성단 한가운데 밝은 별들 주위로 희미한 반사성운을 이루는 티끌은 성단의 별들이 공간 속을 이동하면서 지나치고 있는 성간매질 속의 티끌구름으로 밝혀졌다.

플레이아데스 성단에서 가장 밝게 빛나는 아홉 별들은 그리스 신화의 일곱 자매의 이름인 알키오네(2.9등), 아스테로페, 메로페, 엘렉트라, 마이아, 타이게타, 켈라에노와, 그녀들의 부모인 아틀라스, 플레이오네라는 이름이 붙어 있다.

이같이 좀생이별처럼 별들이 불규칙하게 모여 있는 산개성단들은 은하수 옆에 많이 산재하는데, 현재까지 우리은하에서만 1,100개가 넘게 발견되었다.

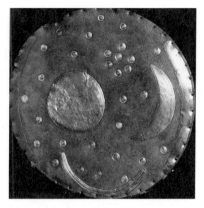

▶ 네브라 스카이 디스크. 플레이아데스 성단 모습이 보인다. 청동기 시대 인류의 천문지식과 우주관을 담고 있다. (wiki)

41 오리온자리 삼성 아래 보이는 뿌연 빛뭉치는 무엇인가요?

A 겨울 밤하늘에서 오리온자리를 못 찾는 사람이 있을까? 밤 8, 9시쯤 바깥으로 나가 남쪽 하늘을 올려다보기만 하면 된다. 중천에 커다란 방패연처럼 덩그렇게 걸려 있는 오리온자리. 별자리 중에서 단연 압권은 오리온자리일 것이다. 별자리 이름은 그리스 신화에 나오는 미남 사냥꾼인 오리온에 기원한다.

지구를 둘러싸고 있는 88개의 별자리에는 모두 21개의 1등성이 있는데, 북반구에서는 오리온자리만이 1등성을 두 개나 갖고 있다. 오리온의 좌상귀에 있는 붉은 별 베텔게우스와 우하귀 쪽의 푸른 별 리겔이 바로 그 주인공들이다.

사냥꾼 오리온의 허리에는 세 개의 2등성이 등간격으로 나란히 빛을 발

▶ 오리온 대성운 속 창조의 기둥. 2014년 허블 우주 망원경으로 촬영한 고화질 사진. 이 속에서 지금 아기별들이 태어나고 있다. (NASA/ESA)

하고 있다. 바로 오리온 삼성[*]이다. 이 삼성 아래쪽을 자세히 보면 뿌연 빛뭉치 같은 게 보이는데, 이것이 오리온 대성운(M42)이다. 아름다운 나비 모양의 붉은색인 이 성운은 1,350광년 거리에 있는 발광성운으로, 질량은 태양의 2,000배, 지름은 무려 24광년에 이른다. 태양계를 만든 성운의 크기가 2~3광년이라 하니, 태양계 1,000개는 거뜬히 들어갈 수 있는 대성운이다.

중심부에 있는 산개성단의 어린 별은 5만K의 고온 별로 이 별이 복사하는 자외광선에 의해 성운 수소 구름이 이온화되어 빛나고 있다. 우리가 보는 대성운의 모습은 오리온자리 부근을 뒤덮은 거대한 수소 구름에서 가장 들뜬 상태의 영역을 보는 것이다.

오리온 성운의 나이는 약 1만 년으로 매우 젊은 천체이며, 밝기는 4등급 정도로 산광성운 중에서는 가장 밝다. 성운 안에는 트라페지움으로 알려진 젊은 산개성단이 있는데, 4개의 밝은 별로 이루어진 사다리꼴 성단은 별지기들의 인기 관측품목으로 매우 알아보기 쉽다. 1610년 갈릴레오가 최초

---

[*] 오리온 삼성을 흔히들 삼태성(三台星)이라 하는데, 틀린 말이다. 삼태성은 국자 모양의 북두칠성의 물을 담는 쪽에 길게 비스듬히 늘어선 세 쌍의 별이다.

로 관측했다는 기록이 남아 있다. 네 개의 별에는 적경 순서로 각각 A, B, C, D 이름이 붙어 있다.

오리온 성운은 태양에서 가장 가까운 별들의 탄생 장소로, 지금도 이 성운 안에서는 아기별들이 태어나고 있는 것을 볼 수 있다. 이제까지 태어났거나 태어나고 있는 별은 3천 개에 이른다.

참고로, 오리온자리의 좌상귀에 있는 적색 초거성 베텔게우스는 지름이 태양 크기의 900배나 되는 변광성으로 지금 인류에게 가장 주목받는 별이 되어 있는데, 조만간 수명을 다해 초신성으로 폭발할 것으로 예상되고 있기 때문이다(Q31 참조).

42 별과 별 사이의 공간에는 아무것도 없나요?

A 우리은하에서 별과 별 사이의 평균 거리는 약 4광년이다. 중간치 별에 속하는 우리 태양을 귤 크기로 줄인다면, 우리 지구는 9m 떨어진 주위를 원을 그리며 도는 모래 한 알갱이다.

목성은 앵두씨가 되어 60m 밖을 돌며, 가장 바깥의 해왕성은 360m 거리에서 도는 팥알이다. 게다가 항성 간의 평균 거리는 무려 3천km나 되며, 태양에서 가장 가까운 별인 4.2광년 떨어진 프록시마 센타우리는 2천km 밖에다 그려야 한다. 이 척도로 보면 우리은하는 평균 3천km 서로 떨어진 귤들의 집단이며, 그 크기는 무려 3천만km다.

이 귤들과 모래, 팥알 사이의 공간에는 무엇이 있나? 흔히들 공기가 전혀 없는 진공이라고 알고 있지만, 아주 적지만 가스나 먼지가 떠돌고 있다. 어느 정도의 물질이 존재할까? 가장 가까운 별인 프록시마 센타우리까지

▶ 지구와 달. 수성 탐사선 메신저가 지구로부터 9800만km 떨어진 거리에서 찍었다. 이 거리는 지구 – 태양 간 거리의 약 2/3로서, 우주가 얼마나 텅 빈 공간인가를 잘 보여준다. (NASA)

의 4.2광년 우주공간에는 $1cm^3$당 수소 원자 1개 정도가 떠돌고 있을 뿐이다. 이는 사람이 만들 수 있는 어떤 진공보다도 더욱 완벽한 진공이다.

그렇다면 우리은하와 안드로메다 은하 사이의 250만 광년 거리의 우주공간은 어떤 상태일까? 거기도 완전한 진공은 아니다. $1m^3$당 1개의 수소원자가 존재한다. 우리 지구 대기의 $1cm^3$당 존재하는 질소나 산소 분자의 수가 1조 개의 1,000만 배나 된다는 사실에 비추어볼 때 우주공간이 얼마나 희박한지 짐작할 수 있다.

은하 속 별이 없는 공간에 비교적 물질밀도가 높은 곳이 존재하기도 하는데, 성간 분자구름이 모여 있는 곳으로, 여기에는 $1cm^3$당 10만 개 정도의 수소원자가 존재하는 걸로 알려져 있다.

광대한 공간에 귤 하나, 수십 미터 밖에 모래알과 앵두씨 몇 개가 빙빙 돌고, 3천km 떨어져 또 귤 한 개가 떠도는 적막한 공간에 수소원자가 몇 개 흘러다니는 곳. 이것이 우주공간의 태허太虛인 것이다.

chapter
4

영어 이름이 갤럭시라
일반인에게도 친숙하다

은하와
은하수

영원한 것에 눈을 돌려라.
그것이 바로 인간사회에 평화와 온유를 가져다줄
유일한 정신의 근원이다.

| 아인슈타인 • 미국의 물리학자 |

여름이 오면 밤하늘의 장관 은하수가 떠오른다. 은하수를 말하기 전에 우리가 먼저 짚어둬야 할 점은 은하, 은하수, 우리은하라는 용어들의 정확한 의미다. 이것들을 마구 뒤섞어 쓰는 책이나 사람들이 더러 있다.

은하는 영어로는 갤럭시galaxy라 하며, 일반명사다. 은하수란 우리의 천구天球에 구름띠 모양으로 길게 뻗어 있는 수많은 천체의 무리를 가리키는 고유명사다.

밤하늘에 동서로 길게 누워 가는 이 빛의 강, 은하수를 일컬어 서양에서는 '젖의 길', 밀키웨이milky way라 하는데, 그리스 신화에 의하면 헤라 여신의 젖이 뿜어져나와 만들어진 것이라 한다. 영어에서는 대문자로 시작하는 'Galaxy'로 쓰면 밀키웨이 갤럭시를 가리키며, 소문자(galaxy)로 쓸 경우에는 일반명사 은하를 뜻한다.

우리나라에서는 예로부터 은하수를 미리내라고 불렀다. '미리'는 용을 일컫는 우리 고어 '미르'에서 왔다니까 한자어로 하면 용천龍川쯤 된다. '젖의 길'보다 미리내란 우리 이름이 더 품위 있다. 태양계가 있는 우리은하를 그래서 미리내 은하라고도 한다. 흔히 우리은하로 통칭하는데, 영어로는 밀키웨이 갤럭시라 한다.

인류의 문명과 같이했을 은하수가 무수한 별들의 무리라는 사실을 처음으로 알았던 것은 얼마 되지 않는다. 1610년, 이탈리아의 갈릴레오(1564~1642)가 자작 망원경으로 은하수를 보고는 무수한 별들의 집합체라는 사실을 처음으로 인류에게 고했다. 하지만 갈릴레오보다 2천 년도 더 전에 그리스 철학자 데모크리토스(BC 460년경~380년경)는 날카로운 예지로 은하수가 별들의 집단이란 사실을 추론한 바 있다.

▶ 우리은하. 우리말로 미리내라고도 부른다. 경북 문경시 가은읍에서 찍었다. (사진/이혁기)

은하수가 밤하늘을 가로지르는 이유를 모르는 사람들이 의외로 많다. 그것은 우리 지구가 은하 원반면에 딱 붙어 있는데다 우리가 은하수를 보는 시선방향이 우리은하를 횡단하기 때문이다. 은하 변두리에 있는 태양계는 은하 중심을 보며 공전하므로, 지구에서 볼 때 은하 중심부와 먼 가장자리 별들이 겹쳐져 그처럼 밝은 띠로 보이는 것이다. 당연히 아래 위는 별이 성기게 보인다.

그런데 200년도 더 전에 철학자 임마누엘 칸트(1724~1804)는 은하수를 위와 같이 정확히 설명했다. 놀라운 예지와 직관력이라 하지 않을 수 없다. 직접 망원경으로 천체를 관측하기도 한 칸트는 태양계 탄생 가설로 성운설을 주창하는 등, 당대 최고의 우주론자였다.

이러한 은하수의 형태를 실제 관측적인 증거로 밝혀낸 사람은 천왕성을 발견한 영국의 윌리엄 허셜(1738~1822)이었다. 허셜은 은하계의 지름이 시리우스까지 거리의 1천 배를 넘지 않는 700광년 정도라 전제하고, 온 하늘의 별들에 대해 대략적인 거리를 꼼꼼히 계산한 끝에 우리은하가 원반꼴을 하고 있다는 결론에 이르렀다. 물론 오늘날 은하계 형태와는 많이 다르지만, 당시 우리은하 연구에 관한 놀라운 진보로 받아들여졌다.

우리은하를 옆에서 보면 프라이팬 위에 놓인 계란 프라이 같은 꼴이다. 가운데 노른자 부분을 팽대부라 한다. 거기에 늙고 오래 된 별들이 공 모양으로 밀집한 중심핵(Bulge)이 있고, 그 주위를 젊고 푸른 별, 가스, 먼지 등으로 이루어진 나선팔이 원반 형태로 회전하고 있다. 그 외곽으로는 가스, 먼지, 구상성단 등의 별과 암흑물질로 이루어진 헤일로Halo가 지름 40만 광년의 타원형 모양으로 은하 주위를 감싸고 있다.

천구상에서 은하면은 북쪽으로 카시오페이아자리까지, 남쪽으로 남십자자리까지에 이른다. 은하수가 천구를 거의 똑같이 나누고 있다는 사실은 곧 태양계가 은하면에서 그리 멀리 떨어져 있지 않다는 것을 뜻한다.

44 은하란 무엇인가요?

A 사람들이 도시에 모여 살듯이, 별들이 모여 사는 도시를 은하라 할 수 있다. 별들은 우주공간에 멋대로 흩어져 있는 게 아니라, 은하 속에서 태어나서 살다가 죽음을 맞는다. 은하는 우주구조를 이루는 기본단위로서, 무수한 별들 사이를 떠도는 성간 물질, 그리고 아직까지 정체를 모르는 암흑물질 등이 하나의 중력권 속에 묶여 있는 천체다.

은하의 규모는 다양해서 작은 은하는 100만 개 정도의 항성을 포함하는가 하면, 거대 은하의 경우에는 100조 개에 이르는 항성을 품고 있는 것도 있다. 우리은하의 항성 수는 약 4천억 개 정도로 추정되고 있다.

은하에 대한 재미있는 사실은 20세기 초까지만 해도 우리은하가 우주의 전부인 줄 알았다는 점이다. 별 사이로 떠돌아다니는 정체불명의 뿌연 구

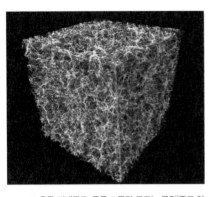

▶ 우주 거대구조. 푸른 그물망 구조는 물질(주로 암흑물질)을 나타내고, 이들 사이에 있는 빈 공간은 거시공동을 나타낸다. 은하들은 거품 구조의 막 위에 분포하고 있다. 이 우주 각설탕의 한 변은 수십억 광년 정도 된다. (wiki)

름덩어리는 모두 성운이라 불리었다. 하지만 망원경의 성능이 향상되고 관측기술이 발전하면서 이런 성운들 중에는 수많은 별들이 모여 있는 별들의 집단, 즉 은하가 있다는 것을 알게 되었다.

우리은하계 밖에 있는 은하를 외부은하라 부르는데, 성운으로만 알고 있던 천체가 우리은하처럼 많은 별을 거느린 외부은하임을 처음 밝혀낸 사람은 미국의 천문학자 에드윈 허블이었다. 그는 나선 모양의 성운들이 은하라는 확실한 증거를 제시했는데, 1923년 안드로메다 성운의 흐릿한 구름 덩어리가 실은 어마어마한 별들의 집단으로, 그 지름이 10만 광년, 거리가 90만 광년이나 떨어져 있는 외부은하라는 사실을 밝혀낸 것이다(실제 거리는 250만 광년).

허블의 이 발견 하나로 우주의 전부인 줄 알았던 우리은하는 졸지에 우주 속의 조약돌 하나로 축소되고 말았다. 우리은하 뒤로도 무수한 은하들이 끝도 없이 줄지어 있다는 사실을 알고 인류는 황망함을 떨칠 수 없었다. 지구가 우주의 중심이 아닌 줄 알았던 지가 얼마 되지도 않았는데, 이제 보니 우리은하 역시 우주의 중심은 아니었던 것이다.

우주에는 이런 외부은하들이 수없이 많다. 그리고 은하는 우주라는 바다에 떠 있는 별들의 섬이었다. 그런데 이미 200년 전에 칸트는 이들 외부은하의 존재를 예측하고, 안드로메다자리에 보이는 성운(M31)이 수많은 별들로 구성된 또 하나의 은하일 것이라는 구체적인 제안을 했을 뿐만 아니라, 이러한 나선형 성운에 섬우주(island universe)라는 멋진 이름을 붙여주기까지 했다.

은하들은 각기 크기, 구성, 구조 등이 상당히 다르지만, 나선은하의 경우 대략적인 모습은 중심 근처에 많은 별들이 몰려 있어 불룩해 보이는 팽대부, 주위의 나선팔, 은하 둘레를 멀리 구형으로 감싸고 있는 별들과 구상성단, 성간물질 등으로 이루어진 헤일로, 그리고 은하 중심인 은하핵으로 나눌 수 있다.

관측 가능한 우주에 있는 은하의 총수는 약 2천억에서 2조 개 정도 되며, 북두칠성의 됫박 안에만도 약 300개의 은하가 들어 있다고 한다. 이들 은하들은 우주공간에 고르게 분포해 있지 않고, 대개 100개 이상의 밝은 은하들로 구성된 은하단이나 규모가 작은 은하군 등의 집단을 구성한다. 은하간 거리는 평균 약 100만~200만 광년이고, 은하단 간 공간은 이것의 100배 정도 된다.

지름이 보통 수만 광년인 은하들은 대개 은하군과 은하단이라고 하는 상위구조를 이루며, 은하단들이 모여 초은하단이라고 불리는 거대 구조를 형성한다. 초은하단은 가느다란 선이나 거품 구조를 따라 분포하는데, 이들은 광대한 공간으로 둘러싸여 있다. 빅뱅 이후의 초기 은하들은 무분별하게 퍼져 있다가 점차 암흑물질의 중력 영향을 받아 암흑물질 분포와 비슷하게 뭉쳐져 결국 거품 형태가 된 것이다. 거품 안의 빈 공간은 거시공동巨視空洞(void)이라고 한다.

수억 광년 이상의 규모를 보면 은하들이 밀집해 있는 영역과 거의 없는 영역인 거시공동으로 거대한 그물망 구조를 이루고 있는데, 이것을 우주 거대구조라 한다.

A 보통 10억~1,000억 개의 별들을 거느리고 있는 은하는 형태에 따라 크게 타원은하, 나선은하, 불규칙은하 등으로 나뉜다.

이같이 생긴 모양에 따라 구체적으로 은하를 분류한 사람은 외부은하와 우주팽창을 발견한 미국의 천문학자 에드윈 허블(1889~1953)이며, 이를 허블 분류라고 부른다. 1936년에 제안된 이 허블 분류는 오직 형태만으로 분류한 것이기 때문에 별의 생성률(폭발적 항성생성 은하)이나 은하핵의 활동성(활동 은하)과 같은 다른 중요한 특성들을 놓칠 수 있다는 단점을 갖고 있다.

나선은하(S)는 나선 모양의 팔이 팽대부(bulge)를 에워싸는 원반 형태를 띠는 은하로, 중심에 막대 구조를 가진 것을 특히 막대나선은하(SB)라 한다. 나선은하는 원반 부분이 같은 방향으로 회전하고 있으며, 나선팔 부근에 푸른색의 젊은 별과 성간운이 많이 분포하고, 중심부에는 나이 많은 붉은 별들이 모여 있다. 지름은 3만 광년 이하에서부터 15만 광년이 넘는 것까지 다양하게 있으며, 질량은 태양의 1백억 배에서 1조 배까지 아우르고 있다. 하늘에서 밝은 은하 중 약 70%는 나선은하이며, 우리 미리내 은하는 막대나선은하다.

타원은하(E)는 공에 가까운 형태로 별들이 모여 있는 은하다. 특별한 무늬도 없으며, 나선은하처럼 같은 방향으로 회전하지도 않는다. 각각의 별들은 불규칙하게 운동하는 경향이 강하며, 중심으로 갈수록 늙은 별들이 많이 모여 있다. 크기나 질량은 나선은하와 별로 차이 나지 않지만, 개중에는 처녀자리 은하단의 M87과 같이 태양의 1조 배가 훨씬 넘는 거대 타원은하도 있다. 은하들이 충돌하면 대개 거대 타원은하를 만드는 것으로 보고 있다. 우리은하도 50억 년 후 안드로메다 은하와 충돌하면 이런 거대 타

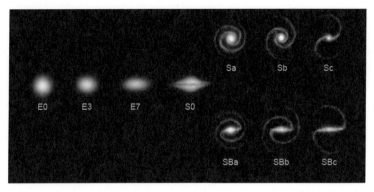

▶ 허블이 분류한 은하의 종류. E는 타원은하, S는 나선은하, SB는 막대나선은하를 가리키고, 뒤에 붙은 숫자와 소문자는 형태의 정도를 뜻한다. (wiki)

원은하가 될 것으로 예측된다.

불규칙은하(Irr)도 나선팔이 없이 이름 그대로 불규칙한 꼴을 한 은하다. 이 은하의 공통점은 대략 덩치가 작아 태양의 10억 배에서 100억 배 사이에 든다. 이런 불규칙한 형태가 생기는 것은 큰곰자리 은하 M82처럼 중심부에 강한 활동이 있거나, 주위에 덩치 큰 은하의 중력에 휘둘린 탓으로 보고 있다.

은하는 이처럼 다양한 형태들을 보이지만, 은하가 어떻게 탄생되며 어떤 원인으로 형태가 결정되는지에 대해서는 아직까지 명확히 규명되지 않았다.

최근 NASA는 강력한 허블 우주망원경을 동원해 심우주에까지 이르는 규모로 은하 호구조사를 실시했다. 2013년 8월에 발표된 은하 호구조사에 따르면, 1,670개의 은하를 크기와 모양에 따라 분류한 결과, 110억 년 전의 은하들은 현재에 비해 크기는 작았으나 타원은하와 나선은하가 이미 존재했음이 밝혀졌다. 이는 곧 110억 년 전부터 은하의 기본적인 형태와 패턴은 변하지 않았음을 보여주는 것이다. 은하 진화의 수수께끼에 대한 도전은 지금도 계속되고 있다.

46 나선은하는 왜 소용돌이 꼴을 하고 있나요?

A 나선팔(spiral arm)이란 나선은하의 중심에서 뻗어나온 조밀한 별과 성간물질의 영역이다. 이들은 나선형의 길고 얇은 형태를 띠는데, 이런 구조를 가진 은하를 나선은하라 한다.

나선은하도 나선팔 형태에 따라 여러 유형이 있는데, 예컨대 Sa형 은하는 꽉 감긴 팔을 가지고 있는 데 비해 Sc형 은하는 느슨한 팔을 가지고 있다. 어떤 나선팔이든 젊고 푸른 별과 성간 물질을 풍부하게 포함하고 있다는 점에서는 다를 바 없다. 나선팔이 밝게 보이는 것은 그 때문이다.

이 같은 나선팔을 이루는 별과 가스는 은하 중심 둘레를 공전하는데, 이 공전운동의 결과물이 바로 나선팔이다. 그런데 이 공전운동에는 놀라운 비밀이 하나 숨어 있다. 나선팔의 안쪽이나 바깥쪽에 있는 별의 회전속도가 거의 같다는 점이다. 태양계 행성을 생각할 때 안쪽에 있는 행성의 속도는 멀리 있는 행성에 비해 훨씬 빠르다. 예컨대 수성의 공전속도는 초속 50km로, 해왕성의 초속 5km의 10배나 된다. 그러나 나선팔 별들의 속도가 중심으로부터의 거리에 상관없이 거의 같다는 것은 커다란 미스터리가 아닐 수 없다.

이럴 경우 팔의 바깥쪽 별이 한 바퀴 도는 사이에 안쪽 별은 두 바퀴도 돌 수 있다는 얘기다. 그렇게 되면 나선팔은 더욱 단단하게 감겨들어 나중엔 한껏 켕겨진 고무줄처럼 터져버릴 수도 있다는 뜻이 된다. 그러나 그런 일은 일어나지 않는다. 왜일까? 이것이 바로 많은 천문학자들이 오랫동안 머리를 싸매게 만들었던 문제다.

천문학자들이 궁리해낸 답안은 1960년대에 나온 밀도파密度波 이론이란 건데, 이에 따르면, 은하의 팔이란 동일한 별이나 가스의 집합체가 아니라 별과 가스의 정체 구간이란 것이다. 이 정체 구간이 밝게 빛나는 것이 바로 나선팔이란 얘기다. 따라서 나선팔의 형태는 그대로 있되, 그 내용물은 항상 바뀐다. 마치 고속도로의 정체 구간이 그대로이지만 그 속의 차는 여전히 움직이고 있듯이. 움직인 차의 공간은 뒤에서 진입한 다른 차들이 채워준다.

별들과 마찬가지로 나선팔도 일정한 속도로 공전하지만, 별보다는 훨씬 느린 속도로 움직인다. 은하원반에서 별들이 나선팔에 가까워지면 밀도가 높은 영역의 중력 때문에 별이 빨리 움직여서 나선팔에 모이게 되고, 일단 나선팔을 추월하게 되면 다시 원래대로 공전속도가 느려진다. 그러므로 나선팔이 단단하게 휘감기는 일은 일어나지 않는다.

나선팔이 뚜렷하지 않은 은하들은 양털나선은하라 하고, 반대로 나선팔이 두드러지게 나타나는 은하들은 거대구조 나선은하라 하며, 나선은하의 약 10%를 차지한다.

47 우리은하의 모양은 어떻게 알 수 있나요?

A 우리은하의 생긴 모습을 알기란 어렵다. 숲속에 들어가 그 숲의 모양을 알려고 하는 거나 마찬가지이기 때문이다. 그러나 밤하늘의 은

▶ 위에서 본 우리은하 상상도. 중심부에 막대 구조를 가진 막대나선은하다. (NASA)

하수가 하늘을 한 바퀴 빙 두르고 있다는 것은 우리가 우리은하를 안쪽에서 바라보고 있기 때문임을 알 수 있다.

우리은하의 모습을 그려내는 어려운 일에 도전한 사람들이 일찍부터 있었다. 영국 천문학자 윌리엄 허셜이 의미 있는 결실을 이끌어낸 최초의 도전자였다. 허셜은 온 하늘의 별들에 대해 대략적인 거리를 꼼꼼히 계산한 끝에 우리은하가 원반꼴을 하고 있다는 결론에 이르렀다. 물론 실제 은하계 형태와는 많이 다르지만, 이것만으로도 놀라운 진보였다. 그가 1784년에 만든 우리은하 모형을 보면 태양이 은하 중심 가까이에 자리하고 있다.

허셜 다음으로 실재에 근접한 답안지를 작성한 사람은 미국의 천문학자 할로 섀플리였다. 1919년 섀플리는 당시까지 발견되었던 93개 구상성단 속의 세페이드 변광성 관측을 통해, 우리은하의 중심이 태양이 아니고 궁수자리에 있음을 발견한 데 이어, 우리은하는 지름이 30만 광년인 거대한 구상성단이며, 태양은 그 중심으로부터 45,000광년 떨어진 가장자리에 있다는 결론을 내렸다.

섀플리의 우리은하 모형에 의해 은하계와 태양계의 위치관계가 비로소 밝혀지게 되었으며, 구상성단이 남천에 많이 보이는 것과, 궁수자리 방향으로 은하수가 밝은 이유도 그 때문임을 알게 되었다.

태양계가 우리은하의 중심에 있지 않다는 섀플리의 은하계 모형은 지구 중심설을 몰아낸 코페르니쿠스의 업적에 버금가는 업적으로, 인류의 우주관에 큰 변혁을 가져왔다. 지구가 우주의 중심이 아니라는 사실을 안 지 얼마 안되어 우리 태양계까지 우주의 중심이 아니라는 사실 앞에 인류는 다시 심한 충격을 받았다.

그후 전파천문학의 발전에 힘입어 최근 연구에서는 은하계의 모습이 상당한 부분까지 자세히 밝혀지게 되었고, 태양계가 있는 곳도 은하 중심에서 28,000km 떨어진 오리온팔에 있는 것으로 밝혀졌다.

은하계를 형태짓고 있는 원반의 지름은 약 10만 광년, 두께는 약 5,000광년이며, 태양 부근에서는 2,000광년이다. 은하가 이처럼 납작한 이유는 은하 자체의 회전운동 때문이다. 이 안에 약 4천억 개의 별들이 중력의 힘으로 묶여 있다. 태양 역시 그 4천억 개 별 중의 하나일 따름이다.

은하 중심에는 팽대부(bulge)라고 불리는 지름 15,000광년의 불룩한 부분이 있는데, 여기에는 수십억 년 이상 된 늙은 별들이 많이 모여 있다. 반면 원반 부분에는 비교적 젊은 별을 비롯해 성단, 성운 등이 많이 분포하고 있다.

팽대부의 중앙에는 지름 10광년 정도의 중심핵이 자리잡고 있는데, 여기에는 별이나 가스, 먼지들이 농밀하게 모여 있고, 궁수자리 A*이라 불리는 강력한 전파원이 있어 바로 이곳이 우리은하의 중심으로 여겨지고 있다. 이 전파원은 태양 질량 400만 배, 지름 24km짜리 초대질량 블랙홀일 것으로 여겨지고 있다.

구상성단은 이러한 벌지나 원반부를 감싸듯이 공 모양으로 분포해 있는데, 이것을 헤일로halo라고 한다. 지름이 약 20만 광년에 이르는 거대한 구조로, 이 안에 은하계에서 가장 오래된 별들이 깃들어 있다.

48 우리은하의 크기를 어떻게 실감할 수 있을까요?

A 우리은하의 크기를 체감해보려면 일단 우리 감각으로 느낄 수 있을 만큼 축소해보는 게 좋다. 지름 12,700km인 지구를 지름 2cm인 바둑돌이라 친다면(635,000,000배 축소), 태양은 지름 2m가 넘는 트레일러 바퀴만 하고, 마지막 행성인 해왕성까지 거리는 7km가 된다.

2단계로, 태양에서 가장 가까운 별인 4.2광년 거리의 프록시마 센타우리는 약 63,000km를 찍는다. 3단계로, 괴물 블랙홀이 똬리를 틀고 있는 28,000광년 거리의 은하 중심은 4억 2천만km를 찍는다.

마지막으로, 은하 지름 10만 광년은 15억km를 찍게 된다. 지구 – 태양 간 거리의 10배다. 지구를 2cm 바둑알로 줄였을 때도 이런 수치가 나오니, 우리은하의 크기가 얼마나 무지막지한가를 알 수 있을 것이다.

지금까지 인류가 만들어낸 최고 속도는 초속 17km다. 이 속도는 총알의 17배다. 보이저 1호가 이 속도로 40년을 날아가 태양계를 벗어난 지가 얼마 안된다. 만약 보이저가 우리은하의 지름을 가로지른다면 얼마만한 시간이 걸릴까? 무려 18억 년을 날아가야 한다. 이는 우주 나이 138억 년의 1/10이 넘는 장구한 시간이다. 이것이 바로 우리은하의 크기다. 하지만 이런 은하도 대우주 속에서는 조약돌 하나밖에 안된다는 사실을 잊어서는 안된다.

▶ 초속 17km로 40년을 날아가 태양계를 벗어난 보이저 1호. 보이저가 우리은하 지름을 가로지르려면 무려 18억 년을 날아가야 한다.

우리은하 부근에는 어떤 은하들이 있나요?

A 남반구에서는 밤하늘만 맑다면 맨눈으로 언제든 외부은하를 볼 수 있다. 대마젤란 은하(LMC)와 소마젤란 은하(SMC)가 바로 그것이다. 포르투갈의 탐험가 페르디난드 마젤란이 1519년 항해 중에 보았다는 기록을 남김으로써 서구에 널리 알려지게 되면서 이런 이름이 붙었다. 약칭 끝의 C자는 Cloud로, 처음에는 성운으로 알았기 때문이다.

황새치자리와 테이블산자리 사이에 보름달의 20배 폭으로 넓게 자리잡고 있는 LMC는 우리은하로부터 세 번째 가까운 은하로, 거리는 163,000광년, 지름은 약 14,000광년이고, SMC와 같이 왜소 불규칙은하에 속하며, 우리은하의 위성은하들이다. 두 은하는 수소 기체로 서로 연결되어 있다.

북반구 밤하늘에서 맨눈으로 볼 수 있는 외부은하는 단연 안드로메다 은하(M31)를 꼽는다. 우리은하와 같이 나선은하에 속하는 안드로메다 은하는 지름이 우리은하의 2배가 넘는 22만 광년의 거대한 은하로, 포함하고 있는 별 수만도 1조 개가 넘는다. 이 은하까지의 거리는 약 250만 광년으로 우리가 맨눈으로 볼 수 있는 것 중 가장 멀리 떨어진 천체다. '개념은 안드로메다로 보냈니?' 하는 말은 그래서 나온 게 아닌가 싶다.

어쨌든 안드로메다 은하를 오늘밤에라도 본다면 그 빛은 250만 년 전 지구상에 매머드가 돌아다니던 홍적세 때 그 은하에서 출발한 빛을 지금 보고 있는 것이라고 생각하면 묘한 감동이 솟음을 느낄 수 있다.

이 안드로메다 은하는 우리은하와 함께 국부局部은하군에서 가장 큰 은하다. 국부은하군은 우리은하가 포함된 은하군으로, 지름 1,000만 광년 안에 대‒소마젤란 은하, 삼각형자리 은하 등 54개 이상의 작은 은하들을 포함하고 있다. 구성원 대다수는 광도와 질량이 작은 왜소은하들이다. 은하의 집단은 수십 개의 은하가 모인 은하군과 수백~수천 개의 은하가 모인 은하단으로 구분되며, 은하군과 은하단들이 모여서 더욱 거대한 초은하단을 이룬다.

국부은하군의 중요성은 가장 가까운 집단일 뿐만 아니라, 그 속의 개개 은하의 연구에서 은하의 특성에 관한 많은 지식이 얻어진다는 점이다. 또 국부은하군의 은하들은 거리의 잣대의 눈금을 매기는 기준 천체로도 쓰인다. 우리은하에서 가장 가까운 은하는 큰개자리에 있는 불규칙은하인 큰개자리 왜소은하로, 2003년 11월에 발견되었다.

우리은하가 포함된 국부은하군 전체는 현재 처녀자리 은하단의 중력에 이끌려 바다뱀자리 쪽으로 달려가고 있는데, 그 속도가 무려 초속 600km 나 된다. 하지만 걱정할 것은 없다. 합쳐지더라도 250억 년 후의 일이니까.

50 은하까지의 거리는 어떻게 재나요?

A 특별한 초신성과 변광성을 이용하면 은하까지의 거리를 알아낼 수 있다(Q19/Q31 참조). 20세기 초만 하더라도 사람들은 우리은하가 우주의 전부라고 생각했다. 이러한 인류의 우주관은 1923년 한 신출내기 천문학자에 의해 뒤집어졌다.

1차대전의 포연이 채 가시기도 전인 1920년, 우주를 사색하는 일단의 사람들이 한 장소에 모여 '우주의 크기'를 놓고 세기의 대논쟁을 벌였다. 장소는 워싱턴의 미국과학 아카데미였고, 우주의 크기를 결정하는 시금석 은 안드로메다 성운이었는데, 그 성운이 우리은하 안에 있는가, 바깥에 있는가를 놓고 논쟁이 전개되었다.

두 논적은 하버드 대학의 할로 섀플리와 릭 천문대의 히버 커티스로, 둘 다 우주에 대해서는 내로라하는 일급 천문학자였다. 1919년 최초로 우리은하의 구조와 크기를 밝히고, 태양계가 은하계 속에서 자리하는 위치를 찾아냄으로써 인류의 우주관을 바꿔놓은 섀플리는 안드로메다 성운은 우리은하 안에 있는 것이 틀림없다고 선언했다.

▶ 외부은하의 존재와 우주팽창을 발견한 에드윈 허블. 망원경은 당시 세계 최대의 2.5m 후커 반사망원경이다.
(Emilio Segre Visual Archives/AIP/SPL)

이에 반해 커티스는 허셜 – 캅테인 모형을 지지했다. 허셜 – 캅테인 모형이란 우리은하 구조를 최초로 연구한 허셜과 캅테인의 이론에서 나온 우리은하 모형으로, 우리은하의 모양은 지름 4만 광년의 타원체이며, 태양은 그 중심에 가까운 곳에 위치한다고 본다.

이 모형을 받아들인 커티스는 안드로메다 성운까지의 거리를 50만 광년이라고 주장했다. 이는 섀플리 모형에서 주장하는 우리은하 크기를 훌쩍 넘어서는 거리였다. 즉, 커티스는 안드로메다 성운은 우리은하 안에 있는 성운이 아니라, 우리은하 밖의 외부은하라는 것이다.

대논쟁은 승부가 나지 않았다. 판정을 내려줄 만한 잣대가 없었던 것이다. 해결의 핵심은 별까지의 거리를 결정하는 문제로, 예나 지금이나 천문학에서 가장 골머리를 앓던 난제였다. 그러나 판정은 엉뚱한 곳에서 내려졌다. 3년 뒤 혜성처럼 나타난 신출내기 천문학자 에드윈 허블(1889~1953)

에 의해 승패가 가려졌던 것이다. 안드로메다 성운까지의 거리를 알아내 우리은하 밖에 있는 또 다른 은하임을 입증했던 것이다.

이 발견 하나로 일약 천문학계의 영웅으로 떠오른 허블은 얼마 뒤 다시 우주가 팽창하고 있다는 놀라운 사실을 발견하여 인류를 경악케 했다. 그러니까 우주란 상당히 오래 쓰여진 말 같지만, 그 진정한 뜻은 20세기에 들어와서야 비로소 밝혀지게 된 셈이다.

허블이 안드로메다 성운까지의 거리를 알아내는 데 쓴 방법은 세페이드 변광성이었다. 이 유형의 변광성은 변광주기가 별의 밝기와 밀접한 관계가 있다. 따라서 변광성의 주기를 측정하여 그 절대밝기를 알아낸 다음, 그것을 별의 겉보기 밝기와 비교하면 별까지의 거리를 알아낼 수 있다. 그래서 이것을 표준촛불이라 한다.

허블이 운 좋게도 안드로메다 성운 속에서 세페이드 변광성을 찾아내 거리를 산정해본 결과, 안드로메다까지의 거리가 약 90만 광년이라는 계산서를 뽑아냈다. 이는 분명 우리은하 크기를 한참 뛰어넘는 거리였다. 물론 오늘날 밝혀진 참값인 250만 광년과는 큰 차이가 있지만, 어쨌든 허블의 계산서만으로도 안드로메다가 독립된 외부은하라는 사실을 입증하는 데는 부족함이 없었다. 오차가 크게 난 것은 같은 세페이드 변광성이라 하더라도 I형과 II형으로 분류된다는 사실을 당시에는 몰랐기 때문이다.

세페이드 변광성을 이용한 거리 측정법은 원리상 한계는 없으나, 변광성이 너무나 먼 거리에 있어 희미하면 관측할 수 없으므로, 보통 1억 광년까지 측정이 가능하다.

은하까지의 거리를 재는 데 사용하는 천문학자들의 또 다른 줄자는 초신성이다. 1억 광년이 넘는 별들 중 이렇게 절대 밝기를 알 수 있는 이 초신성은 1a형 초신성으로 불리며, 백색왜성이 짝별에서 물질을 끌어와 태

천문학자들의 줄자, 우주 거리 사다리

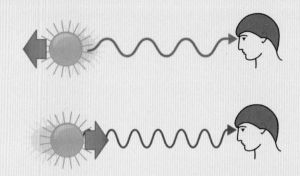

▶ 도플러 효과의 원리. 파동을 발생시키는 파원과 그 파동을 관측하는 관측자 중 하나 이상이 운동하고 있을 때 발생하는 효과로, 파원과 관측자 사이의 거리가 좁아질 때에는 파동의 주파수가 더 높게, 거리가 멀어질 때에는 파동의 주파수가 더 낮게 관측되는 현상이다. 1842년 크리스티안 도플러가 발견했다. (wiki)

천문학에서 천체까지의 거리를 측정하는 것보다 중요한 것은 없다. 그러나 우주가 워낙 넓고 천체 간의 거리 폭도 천차만별이라 거리를 측정하는 데는 한 가지 잣대만으로는 도저히 불가능하다. 따라서 천문학자들은 거리에 따라 다양한 잣대를 쓰는데, 이런 잣대들은 하루아침에 만들어진 것이 아니라 천문학의 출발 시점부터 최근까지 다듬어지고 고안된 것들이다.

측정의 역사는 가까운 것들부터 시작해 차츰 더 먼 것들로 확장되어갔다. 거리의 멀고 가까움에 따라 단계별로 새로운 우주 잣대를 만들어갔는데, 이러한 우주 잣대들이 사다리 모양으로 높아져 측정의 범위를 넓혀간다고 해서 천문학자들은 이를 우주 거리 사다리(Cosmic Distance Ladder)라고 부른다.

사다리의 1단은 삼각법이다. 시차(視差)를 이용해 비교적 가까운 천체까지의 거리를 재는 방법으로, 달이나 금성, 화성까지의 거리는 이 잣대를 이용해 알아냈다. 지구의 공전궤도를 삼각형의 밑변으로 이용한 연주시차를 쓰면 더 먼 거리까지 잴 수 있다. 1838년 독일의 베셀은 최초로 백조자리61의 연주시차 0.314각초를 재서 백조자리61까지의 거리가 10.3광년이라 밝혀내 사람들을 경악시켰다. 그러나 연주시차도 삼각법에 따른 각분해능의 한계로 300광년까지만 측정이 가능하다.

요즘은 레이더 측정법도 쓴다. 빛의 속도로 움직이는 레이더를 표적 천체에 쏘아 반사돼 돌아오는 레이더 신호 시간을 측정하면 정밀한 거리 측정이 가능하다. 달이 1년에 3.8cm씩 멀어지고 있다는 사실을 알아낸 것도 레이더 측정법이다.

사다리의 2단은 분광시차다. 항성의 스펙트럼과 광도의 관계를 이용하여 어림잡아 계산한 항성의 거리를 말한다. 20세기 들어서 별들의 색과 등급의 관계(분광시차)가 밀접하다는 사실이 밝혀졌다. 이는 곧 별의 색깔을 알면 절대 밝기를 알 수 있고, 이를 겉보기 밝기와 비교해 별까지의 거리도 계산해 낼 수 있는 방법이 생긴 것이다. 헤르츠스프룽, 러셀이 만든 색등급도 H-R도를 사용하면 30만 광년까지 측정할 수 있고, 이는 곧 우리은하 내 모든 별들의 거리를 측정할 수 있다는 뜻이다.

사다리의 3단은 세페이드 변광성이다. 원리는 분광시차법과 같다. 별의 변광주기가 별의 밝기와 밀접한 관계가 있는 세페이드 변광성의 주기를 측정하여 그 별까지의 거리를 측정해내는 새로운 우주 잣대로 쓰는 방법이다. 이 표준촛불로는 보통 1억 광년까지 측정이 가능하다.

사다리의 4단은 1a형 초신성이다. 별의 밝기를 이용한다는 점에서는 같은 원리지만, 엄청나게 멀리까지 뻗칠 수 있는 줄자라는 점이 매력적이다. 100억 광년 거리에서도 절대 밝기를 알 수 있는 천체가 있는데 바로 1a형 초신성이다. 태양 질량의 1.4배에 이르면 영락없이 터지는 이 초신성은 같은 한계질량에서 폭발하여 같은 밝기를 보이므로 그 밝기를 측정하면 그 별까지의 거리를 알아낼 수가 있다. 워낙 밝아서 100억 광년 이내의 거리 측정은 믿고 맡길 수 있다.

사다리 마지막 단은 허블의 법칙이다. 우주 끝까지 천체가 보이기만 하면 갖다댈 수 있는 다용도 우주 줄자다. 은하까지의 거리와 은하가 멀어져가는 속도는 서로 비례하는데, 이를 허블의 법칙이라 하며, 비례계수를 허블 상수라 한다. 천체에서 오는 빛의 도플러 효과를 측정하여 적색이동의 값을 구한 다음 허블의 법칙에 대입하면 그 천체까지의 거리를 구할 수 있다.

허블이 한 말 중에 '천문학의 역사는 멀어져가는 지평선의 역사다'란 말이 있는데, 딱 이에 해당하는 명언이라 하겠다.

양 질량의 1.4배에 이르면 폭발하는데, 일정한 질량인 만큼 일정한 최대 밝기를 보이므로 표준촛불로 사용할 수 있다. 1a형 초신성은 워낙 밝아서 100억 광년 거리까지 측정이 가능하다.

끝으로 우주 끝까지 천체가 보이기만 하면 갖다댈 수 있는 다용도 우주 줄자가 있는데 바로 허블의 법칙*을 이용하는 방법이다. 허블은 1929년 우주가 팽창하고 있다는 사실을 발견한 데 이어, 은하까지의 거리와 은하가 멀어져가는 속도는 서로 비례한다는 사실을 발견했다. 이를 허블의 법칙이라 하며, 비례계수를 허블 상수라 한다. 천체에서 오는 빛의 도플러 효과를 측정하여 적색이동의 값을 구한 다음 허블의 법칙에 적용하면 그 천체까지의 거리를 구할 수 있다.

허블의 법칙은 외부은하의 후퇴속도가 해당 은하의 거리에 비례함을 보여준다. 식은 다음과 같다.

V=Hr (V: 은하의 후퇴속도[km/s], r: 은하까지의 거리[Mpc], H: 허블 상수[km/s/Mpc])

51 은하들도 충돌하나요?

A 은하의 역사는 충돌의 역사라 할 만큼 은하충돌과 은하병합은 우주에서 흔한 일이다.

우리은하의 별들은 평균 4광년씩 떨어져 있다. 태양에서 가장 가까운 별인 프록시마 센타우리까지의 거리는 약 4.2광년(1광년=63,000AU)이다. 태양 지름의 약 3천만 배다.

---

* 외부은하의 스펙트럼에서 나타나는 적색이동이 그 거리에 비례한다는 법칙으로 속도-거리법칙이라고도 한다. 도플러 효과에 의하면 적색이동은 광원이 관측자로부터 멀어질 때 생기며, 그 이동의 크기는 후퇴속도에 비례한다.

▶ 우리은하와 안드로메다 은하의 충돌 상상도. 37억 년 후 지구 밤하늘에서 벌어질 장관이다. 두 은하가 합쳐진 후의 이름은 성미 급한 천문학자들이 미리 지어두었다. 밀코메다 은하.

이에 비해 우리은하와 이웃 은하인 안드로메다 은하의 거리 250만 광년은 우리은하 지름의 25배에 지나지 않는다. 뿐더러 대마젤란 은하는 16만 광년 밖에 떨어져 있지 않다. 별에 비해 은하는 엄청 빽빽하게 밀집해 있는 편이다.

형편이 이러하니 은하 간의 교통사고도 심심찮게 일어난다.

차들이 충돌한 현장에 유리나 플라스틱 조각들이 어지러이 깔리듯이 우주에서 은하들끼리 충돌하는 현장에는 성간 가스나 별들이 어지러이 뒤틀리거나 널브러진다. 은하들이 조밀하게 모여 있는 은하단 사진을 자세히 보면 곳곳에 형태가 무너진 듯한 은하들이 더러 발견된다. 각각의 은하에서 긴 팔이 하나씩 뻗어나와 이어져 있는 듯한 은하도 있고, 중심부에 다른 은하가 충돌하여 생긴 것으로 보이는 고리 모양의 은하도 발견된다.

두 개의 큰 은하가 충돌할 때, 성간 가스끼리 충돌하여 밀도가 높아짐에 따라 별들이 활발하게 생성되기도 하는데, 이를 스타 버스트star burst라 한다. 그러나 충돌한 두 은하가 금방 합체되는 것은 아니다. 중력의 관성으로 떨어졌다 붙었다 하는 반복운동을 몇 차례나 한다. 이 과정이 수억 년간 지속되기도 한다. 그러면서 성간 가스는 별 생성으로 다 소진되고, 마지막으로 하나의 커다란 타원은하로 변신한다. 그러나 별들의 간격이 너무나 듬성하여 별이 서로 충돌하는 일은 좀체 일어나지 않는다. 유령처럼 별무리와 별무리가 서로를 관통한다.

이 같은 충돌 시나리오가 앞으로 40억 년 후 우리은하와 안드로메다 은하가 보여줄 운명이다. 두 은하는 지금 매초 110km의 속도로 접근하고 있으며, 정확히 37억 5천만 년 후에 충돌할 것으로 예상된다. 충돌시엔 거대한 가스 구름이 충격을 받아 폭발적인 별들의 생성을 촉발하고, 이것이 초신성 폭풍을 일으킬 거라 한다. 또한 우리 국부은하군에서 세 번째로 큰 삼각형자리 은하(M33)가 이 충돌에 가담할 것으로 예측된다.

마지막으로는 은하에서 퇴출된 가스는 회전하는 원반으로 급속히 흡입된다. 회전하는 원반 안에서는 새로운 별들이 태어나고, 두 은하의 팽대부와 별들의 원반은 합체되어 럭비공처럼 생긴 거대 타원은하를 만듦으로써 두 은하의 충돌은 대단원의 막을 내린다. 이 충돌에서 태양계가 우리은하의 중력권에서 탈출할 가능성은 12%, 안드로메다 은하의 중력권에 편입될 가능성은 3%라고 한다.

안드로메다 은하는 우리은하보다 크다. 우리은하가 4천억 개의 별을 갖고 있는 데 비해 안드로메다는 무려 1조 개의 별을 갖고 있다. 따라서 엄밀히 말하면 안드로메다가 우리은하를 잡아먹는 셈이다.

이 같은 은하병합은 은하의 진화과정에 대한 통찰을 제공하며, 병합속도는 시간에 따라 은하가 어떻게 성장했는지에 대한 단서를 제공하기 때문에 중요한 천문현상으로 다루어진다.

40억 년 후에도 지구에 인류가 살고 있다면, 충돌하는 두 은하가 지구 밤하늘을 뒤덮는 장관을 보게 될 것이며, 어쩌면 그때쯤이면 합체되어 거대한 타원은하로 변신한 뒤 밀코메다 은하Milkomeda라는 새 이름으로 불리고 있을지도 모른다.

52 우주 안에서 가장 멀리 있는 천체는 무엇인가요?

A '가장 먼 거리'의 기록은 계속 갈아치워지고 있기 때문에 절대 지존을 확정하기는 어렵다. 현재까지 밝혀진 바로 가장 먼 거리 기록을 가진 천체는 UDFj – 39546284라는 은하다.

2011년 1월 허블 우주망원경이 남반구의 화로자리에서 발견한 이 은하는 푸른 별들로 촘촘히 구성되어 있으며, 거리는 약 132억 광년으로, 현재까지 발견된 천체로는 가장 멀리 떨어진 것이다. 138억 년 전으로 추정하는 빅뱅 이후 약 5억 8천만 년 이후의 모습으로 생각된다.

이런 심우주의 은하는 해당 천체의 스펙트럼을 분석한 적색이동을 이용해 거리를 산정하는데, 2012년 VLT(Very Large Telescope)의 관측으로 적색이동 값이 z=11.9로 밝혀짐으로써 이전까지 기록 보유자였던 MACS0647 – JD 은하를 밀어내고 최장거리 천체로 등극했다.

이 발견은 빅뱅 이후 5억 8천만 년에서 6억 5천만 년까지 별들의 숫자가 10배 비율로 증가하고 은하를 이루고 있었다는 천문학자들의 추측을 뒷받침해주는 근거가 되었다.

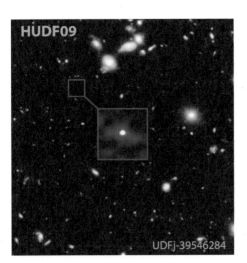

▶ UDFj – 39546284의 모습. 파란색 선 정사각형 안의 천체가 UDFj – 39546284 은하다. (NASA, ESA)

A 현재 관측 가능한 우주의 반지름은 465억 광년, 크기는 약 930억 광년으로 나와 있다. 138억 년 전 빅뱅으로 출발한 우주가 빛의 속도로 팽창했다 하더라도 지름 276억 광년일 텐데, 그 몇 배나 큰 것은 우주 초기에 빛보다 빠른 인플레이션, 즉 급팽창이 있었기 때문이라고 한다. 우주 나이 138억 광년보다 먼 465억 광년 거리의 대상이 보이는 것은 그 대상이 신호를 내보낼 때는 훨씬 가까운 거리에 있었다는 뜻이 된다.

이 엄청난 크기의 우주 안에 은하는 과연 몇 개나 있을까? 허블 우주망원경과 지상 망원경들의 관측자료, 3차원 영상 모델링 등의 기법을 이용한 최신 연구자료에 의하면, 관측 가능한 우주의 은하는 대략 2조 개에 달한다는 계산서가 일단 나와 있다.

이 무수한 은하들은 우주공간에서 제멋대로 존재하는 것이 아니라, 대부분 다른 은하들과 무리를 이루고 있다. 외톨이로 떨어져 있는 은하들은 전체의 약 5% 정도에 불과하다. 허블의 법칙에 따라 우주가 팽창함에도 불구하고 은하들이 무리 지을 수 있는 것은 은하들 사이의 중력이 팽창력을 극복할 수 있기 때문이다.

우주가 탄생한 지 5, 6억 년 만에 우주공간에 모습을 드러낸 이들 은하들은 시간이 지남에 따라 점점 주변의 은하들과 합쳐지면서 무리를 지어갔고, 중력의 상호작용으로 충돌과 합체를 되풀이하면서 이윽고 거대한 계층적 구조로 발전하기에 이르렀다.

중력으로 묶여 있는 이러한 은하들의 계층적 구조 중 가장 하위의 것이 몇 개에서 몇십 개의 은하들로 이루어진 집단인 은하군(galaxy group)으로, 우리은하가 속해 있는 집단은 지름 1천만 광년 안에 54개의 크고 작은 은

▶ 라니아케아 초은하단. 천문학자들이 10년에 걸친 작업 끝에 우리은하와 10만 개의 다른 은하를 이어주는 은하 도로지도를 완성해 선보였다. 빨간 점이 우리은하가 있는 곳이다. (Nature Video)

하들로 이루어진 국부은하군이다.

은하군들은 다시 모여서 보다 큰 구조를 만들고 있는데, 수천 개의 은하들이 수백만 광년 내에 모인 은하군 무리인 은하단(clusters of galaxies)이 그것이다. 은하단의 중심부에는 은하단 전체의 밝기와 맞먹을 정도로 밝은 거대한 은하가 존재하기도 하는데, 이를 거대 확산은하라 한다. 이 은하들이 주위의 작은 은하들을 병합하면서 크게 성장한 것으로 보인다. 우리 국부은하군은 처녀자리 은하단의 일원이다.

은하들의 계층적 조직에서 가장 상위를 차지하는 것은 은하단들이 모여 만든 초은하단(Supercluster)으로, 은하들은 이 초은하단 규모에서 마치 무수한 비누거품들의 막 위에 들러붙은 듯한 구조를 이루며 분포한다. 비누거품 모양의 구조들이 겹쳐진 면에 해당하는 곳을 거대한 벽(Great Wall)이라고 하는데, 거대한 벽의 길이는 5억 광년, 높이는 2억 광년, 두께는 1,500만 광년 정도다. 이 거대한 벽은 우리은하에서 2,500만 광년 떨어진 곳에 위치하며, 질량은 태양 질량의 2×10^{16}배 정도인 것으로 추정된다.

한편, 비눗방울의 한가운데는 물질이 거의 없는 빈 공간인데, 그곳을 거시공동巨視空洞(Voids)이라고 하며, 이 같은 구조를 아울러서 우주 거대구조라 한다.

우리은하가 속한 국부은하군은 라니아케아 초은하단에 포함되어 있다. 국부은하군은 폭이 1,000만 광년이지만, 라니아케아 초은하단은 폭이 5억

우리은하가 포함된 5억 광년의 '은하 도로지도'
– 최초로 만든 거대 초은하집단 지도 '라니아케아'

우리은하와 10만 개의 다른 은하를 이어주는 도로를 나타내는 은하 도로지도가 지난 2015년에 선보였다. 라니아케아(Laniakea)라고 불리는 이 놀라운 은하지도는 천문학자들이 10년간의 연구와 작업 끝에 완성한 것이다. 라니아케아란 말은 하와이 말로 무한한 하늘이란 뜻으로, 우리은하를 포함한 거대 초은하단에 과학자들이 붙인 것이다. 라니아케아는 지름이 무려 5억 광년에 이르고, 우리은하를 포함해 10만 개의 은하를 거느리고 있다. 이는 태양 질량의 10경 배에 이르는 어마어마한 것이다.

과학자들은 은하가 우주공간에 멋대로 흩어져 있는 것이 아니라, 무리를 지어 모여 있을 거라는 생각을 오래 전부터 해왔다. 그 최대의 규모는 은하들이 구슬처럼 매달려 필라멘트를 이룬 구조물이다. 이러한 구조물들이 우주 속에서 서로 뒤얽혀 라니아케아 같은 거대 초은하단을 이루며, 이들은 모두 중력으로 서로 묶여 있다. 지구와 태양계가 있는 우리은하는 천문학자들이 처음으로 그 크기를 지도로 나타낸 초은하단의 가장자리에 놓여 있다.

이 광대한 은하지도는 무수한 은하들이 촘촘히 모여 있는 것처럼 보이지만, 그 속에는 수백 광년에 이르는 암흑공간들이 곳곳에 자리잡고 있다. 우주 속에 우리 인류가 있는 위치를 가늠하자면, 우리는 라니아케아의 한 가장자리에 수천억 개의 별들로 이루어진 미리내 은하라는 곳에 있는 태양계의 세번째 행성인 지구에 살고 있는 셈이다.

하지만 우리은하는 인류의 고향 지구가 있다는 사실 외에는 라니아케아의 다른 10만 개 은하들과 전혀 다를 게 없는 평범한 은하이다. 그리고 아무리 크고 밝은 은하들의 집단이라 하더라도 그것은 우리가 볼 수 있는 극히 좁은 우주의 한 가장자리에 있는 존재일 뿐이다.

라니아케아 안에는 그레이트 어트랙터(Great Attractor)라고 불리는 거대한 중력 골짜기를 향해 은하들이 물처럼 흘러들고 있으며, 라니아케아 주위에는 섀플리 초은하단을 비롯해, 헤르쿨레스, 머리털, 페르세우스-물고기자리 등 4개의 초은하단들이 있다. 과학자들은 우리 고향 초은하단을 찾아내서 라니아케아라고 이름 붙인 것이다.

광년 이상이다. 관측 가능한 우주에서 초은하단의 수는 1,000만 개로 추정된다.

빅뱅 이후의 초기 은하들은 무질서하게 흩어져 있다가 점차 암흑물질의 중력으로 암흑물질 분포와 비슷하게 뭉쳐져 결국 거품 형태의 거대구조를 만든 것으로 보고 있다. 우주의 거대구조는 은하들의 3차원 공간분포를 연구하기 시작한 1980년대에 그 존재가 알려졌는데, 은하들의 3차원 공간분포는 은하들의 적색이동을 관측하면 알아낼 수 있다.

그러나 수억 광년 범위의 은하들을 아우르는 이 같은 거대한 구조가 어떻게 형성되었는지, 또 언제 이루어졌는지에 대해서는 아직까지 확실히 규명되지 않고 있다. 한편, 초은하단보다 큰 규모에서 본다면, 우주는 균일하고 등방적이다.

앞으로 제임스 웹 우주망원경 같은 첨단 망원경들이 취역하게 되면 우주의 거대구조를 비롯해 우주의 역사와 은하들에 관한 수수께끼들이 상당히 풀릴 것으로 기대되고 있다. [유튜브 검색어 ▶ New EAGLE Simulation]

54 | 은하는 어떻게 죽는가요?

A 이 문제는 수십 년간 천문학자들의 골머리를 아프게 한 우주 미스터리였다. 지난 몇십 년 동안 천문학자들은 은하에는 두 개의 중요한 부류가 있다는 사실을 알아냈다. 약 반수의 은하들은 가스가 풍부하여 별을 생산하는 부류이고, 나머지 반은 가스가 고갈되어 더이상 별을 생산하지 못하는 부류의 은하다.

무엇이 은하를 죽음에 이르게 하는가 하는 문제가 지난 몇십 년간 천문학계에서 가장 뜨거운 이슈였다. 과학자들은 무엇이 은하 안에서 별들의 생성을 막는지 확실히 알고 있지 못하지만, 지난 2015년 잉지에 펭 케임브리지 대학 천문학자가 이끄는 연구팀에서 대략 다음과 같은 두 가지 가설을 내놓았다.

은하에서 별 형성이 중단되는 원인의 하나는 이른바 질식사로, 은하 안에 별을 생성할 만한 신선한 가스 재료가 바닥남으로써 은하가 서서히 죽음에 이른다는 것이고, 다른 하나는 이웃 은하의 중력으로 인해 가스를 갑자기 약탈당해 급사하는 경우다. 연구자들은 가까운 은하 26,000개 이상을

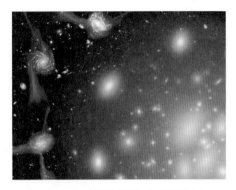

▶ 이 그림은 은하들의 '질식' 방법을 개념화한 것이다. 별을 생산하는 은하들이 뜨겁고 거대한 헤일로 속으로 흡수되어 죽음에 이른다. (RE-ACTIVE)

분석해본 결과, 대부분 은하들의 사인이 질식사임을 보여주는 증거를 찾아냈다.

별은 거의 수소와 헬륨으로 이루어져 있다. 연구자들은 '금속'에 초점을 맞춰 연구를 진행했다. 항성진화론에서 금속이란 수소와 헬륨보다 무거운 원소를 일컫는다. 그러한 금속은 수소와 헬륨이 별 속에서 핵융합을 일으킴으로써 생성되는 중원소들이다.

과학자들은 죽은 은하가 산 은하에 비해 금속 함유량이 훨씬 더 높다는 사실을 발견했다. 이 발견은 가스 공급이 중단된 은하가 시간이 지남에 따라 진화하는 방향과 일치하는 결과라고 한다.

은하에 가스 공급이 중단되더라도 은하 내부에는 여전히 가스가 남아 있어 별들의 생성이 계속된다. 대신 이러한 별들은 수소나 헬륨보다 무거운 원소들을 만들어내게 된다. 이에 비해 갑자기 가스를 강탈당해버린 은하는 별 생성이 급속이 중단되어 중원소를 덜 만들어내게 되는 것이다.

컴퓨터 모델에 따르면, 이러한 가스 공급 중단으로 별 생성이 중단되고 은하가 질식사하게 되는 데는 약 40억 년이 걸린다. 이 시간은 별을 생산하는 산 은하와 죽은 은하의 나이 차이와 같다고 연구자들은 설명한다.

연구자들은 이 질식사 가설이 은하의 95% 이상이 태양 질량의 1천억 배에 달하는 이유를 설명해준다고 말한다. 그보다 더 큰 은하들에 대해서는 질식사 가설과 급사 가설 중 어느 것을 따를 것인지는 증거가 명확지 않다. 비록 대부분의 은하들이 질식으로 최후를 맞는다는 사실을 발견했지만, 질식을 일으키는 메커니즘을 완전히 이해하려면 더 많은 연구가 필요하다.

앞으로 연구진이 제임스 웹 우주망원경을 운용할 수 있게 된다면 먼 거리 은하들을 집중적으로 연구하여 우주가 젊었을 때 어떤 모습을 하고 있었는가를 알 수 있게 될 것이며, 은하들의 형성과 그 진화의 그림을 더욱 자세히 그릴 수 있을 것으로 보인다.

2019년에 블랙홀 사진을 처음 찍다

블랙홀과 화이트홀

블랙홀은 우주의 탄생과 미래를 보여줄
실마리들을 간직하고 있다.

| 킵 손 • 미국의 천문학자 |

A 블랙홀만큼 인기 있는 유명 천체는 없을 것이다. 가수 이름, 카페 이름, 하다못해 피시방 이름으로도 애용된다. 하지만 단언컨대, 블랙홀에 대해 완전하게 아는 사람은 지구상에 한 사람도 없을 것이다. 현대 천체물리학의 최대 화두가 바로 블랙홀이다.

우리말로 검은구멍이라고 하는 블랙홀은 엄청난 중력으로 인해 빛조차도 빠져나갈 수 없는 시공간 영역 또는 천체를 가리킨다. 블랙홀의 개념을 최초로 생각해낸 사람은 1789년 영국의 존 미첼, 프랑스의 수학자 라플라스 등이지만, 오랫동안 이론상으로만 존재했을 뿐이었다.

블랙홀의 이론적 개념은 중력과 탈출속도로 구성된다. 질량이 있는 모든 물체 사이에는 서로 끌어당기는 만유인력이 작용한다. 특히 지구가 물체를 잡아당기는 힘을 중력이라 하는데, 이 중력의 사슬을 끊고 우주로 탈출하려면 초속 11.2km라는 속도가 필요하다. 천체가 무겁고 중력이 클수록 탈출속도도 비례하여 커진다. 탈출속도가 마침내 빛의 속도인 초속 30만km가 되면 빛조차 이 천체를 탈출할 수 없다는 결론에 이른다.

우리가 별이나 은하를 볼 수 있는 것은 해당 천체에서 빛이 나오기 때문인데, 블랙홀은 빛이 나오지 못하므로 결코 볼 수 없다. 이 같은 공상 같은 생각에서 블랙홀 아이디어가 싹튼 것이다.

블랙홀 아이디어는 100년 이상 잊혀졌다가 1916년 아인슈타인의 일반 상대성 이론의 등장으로 다시 무대 위로 올라왔다. 일반 상대성에 따르면, 질량은 주위의 시공간을 왜곡시키며, 중력이란 시공간의 비탈에 다름아니다. 미국의 물리학자 존 휠러(1911~2008)는 이렇게 표현했다. "물질은 시공간이 어떻게 휘어질 것인지를 알려주고, 휘어진 공간은 물질에게 어떻게 움직일 것인지를 알려준다."

빛도 예외가 아니다. 엄청난 질량체 옆을 지날 때 빛도 휘어진다. 이것은 관측으로도 입증되었다. 1919년, 영국의 천문학자 아서 에딩턴이 아프리카에서 일어난 개기일식을 이용해 태양 뒤쪽에서 오는 별빛이 휜다는 사실을 관측해냈던 것이다.

이러한 사실은 언론에 보도되어 세계적으로 큰 화제가 되었다. 런던의 〈타임스〉는 '과학의 혁명 – 우주를 설명하는 새로운 이론 – 뉴턴의 이론에 작별을 고하다'라는 제목의 톱기사를 내보냈고, 〈뉴욕타임스〉는 '하늘에서 빛은 휘어진다; 아인슈타인 이론의 승리'라고 대서특필했다. 이로써 아인슈타인은 20세기 최고의 과학 영웅으로 등극했다.

빛조차 빠져나가지 못하는 시공간의 검은 구멍인 블랙홀이 되려면 물질의 밀도가 얼마나 높아야 할까? 천문학자들이 뽑아놓은 계산서에 의하면, 태양(지름 139만km) 질량 정도의 천체라면, 지름을 6km가 되도록 압축하면 블랙홀이 될 수 있다. 지구의 경우에는 손톱크기만큼 되도록 뭉쳐야 한다.

블랙홀은 특이점과 안팎의 사건 지평선으로 구성된다. 특이점이란 블랙홀 중심에 중력의 고유 세기가 무한대로 발산하는 시공간의 영역으로, 여기서는 물리법칙이 성립되지 않는다. 즉, 사건의 인과적 관계가 보장되지 않는다는 뜻이다. 이 특이점을 둘러싸고 있는 것이 안팎의 사건 지평선으로, 바깥 사건 지평선은 물질의 탈출이 가능한 경계이지만, 안쪽의 사건 지평선은 어떤 물질이라도 탈출이 불가능한 경계다.

블랙홀은 빛까지 탈출이 불가능하므로 우리가 눈으로 볼 수가 없다. 따라서 블랙홀의 존재를 확인하는 방법은 관측이 아닌 우회적인 방법으로 이루어진다. 블랙홀 근처에 어떤 별이 있다면 이 별에서 방출되는 기체가 블랙홀로 끌려들어가면서 강한 X선이 방출된다. 별이 보이지 않는 우주공

간에서 X선이 방출되는
것이 전파망원경으로 확
인되면 블랙홀이 있는
위치를 알 수 있다. 또 블
랙홀 반대편에 있는 별
빛이 블랙홀 근처를 지
날 때 그 빛이 휘어져 진
행하므로 역시 블랙홀의
위치를 알 수 있다.

▶ 초질량 블랙홀 SAGE0536AGN의 상상도. 이 블랙홀은 지구로부터 20억 광년 거리에 있으며, 태양 질량의 250억 배에 이른다. 제트를 내뿜고 있다. (NASA/JPL – Caltech)

1971년 NASA의 X선 관측위성 우후루가 관측한 결과, 백조자리의 백조자리 X–1이라는 전파원이 강력한 블랙홀 후보로 떠올랐다. 이 천체는 백조자리 방향으로 6,000광년 거리에 있으며 강한 X선을 방출하고 있다. 질량은 태양의 약 8.7배이며, 어떤 천체보다 밀도가 높은 것으로 밝혀졌다. 2005년에는 우리은하 중심에도 태양 질량의 400만 배 되는 괴물 블랙홀이 똬리를 틀고 있다는 사실이 밝혀졌다.

블랙홀이 은하 중심에서 하는 역할은 은하 전체를 회전시키는 일이다. 블랙홀이 없으면 은하가 형성될 수 없다는 짐을 생각하면 우리 존재와 블랙홀과의 관계도 참으로 밀접하다고 하겠다.

이처럼 오늘날에는 블랙홀의 존재가 의심의 여지가 없을 정도로 받아들여지고 있지만, 사실 블랙홀이란 이름으로 불리어지기 시작한 것은 반세기밖에 안된다. 그전에는 이름도 없이, '얼어붙은 별', '검은 별' 등 이상한 이름으로 불려오던 것이 1967년 존 휠러가 블랙홀이라는 이름을 지어주었다. 그가 블랙홀에 대해 다음과 같이 말했다.

"블랙홀은 공간이 종이처럼 구겨져 무한소의 점이 될 수 있고, 시간은 사그라지는 불꽃처럼 꺼질 수 있으며, 우리가 불변의 진리처럼 여기는 물리법칙들이 아무것도 아닐 수도 있다는 것을 보여준다."

언어감각이 빼어나 '사건의 지평선(Event horizon)'이란 멋진 용어를 고안한 장본인이기도 한 휠러는 다음과 같은 재미있는 말을 남기기도 했다. "철학은 너무나 중요한 것이기 때문에 철학자들에게만 맡겨둬서는 안된다는 생각이 든다."

블랙홀은 어떻게 만들어지나요?

A 천체의 밀도가 커질수록 중력은 강해지고 빛이 휘어지는 정도는 더 커진다. 밀도가 극단적으로 높아지면 빛조차 천체의 강력한 중력장에 붙잡혀 탈출할 수 없는 블랙홀이 된다. 예컨대 태양(반지름 69만km)을 반지름 3km까지 압축한다면 블랙홀이 될 것이다.

하지만 과연 이렇게 천체를 고밀도로 압축시키는 일이 가능할까? 우주의 탄생기, 즉 빅뱅의 초기에는 우주의 밀도가 지극히 높았기 때문에 이런 밀도가 가능했지만 현재의 우주에서는 거의 불가능한 일이다. 유일한 가능성은 초신성 폭발을 일으키는 별의 경우다.

거대한 질량의 별이 생의 마지막에 이르러 초신성 폭발을 일으켰을 때 폭발의 반동에 따른 엄청난 압력으로 수축된 고밀도의 잔해를 남긴다. 초신성 폭발 때 고밀도의 중성자별이 만들어진다는 것은 확인되었다. 중성자별은 태양 정도의 질량이 지름 10km 정도로 압축된 것이다. 폭발 후 남는 별 중심핵의 질량이 만약 태양 질량의 3.5배를 넘으면 중성자별 대신 중력 붕괴를 일으켜 블랙홀이 만들어질 것으로 예측하고 있다.

항성질량 블랙홀은 매우 질량이 큰 항성들이 수명이 다했을 때 붕괴하여 만들어지는 것으로 생각된다. 블랙홀은 형성된 뒤에도 주위의 질량을 흡수하여 성장할 수 있다. 모든 블랙홀은 주위의 기체, 성간 먼지 등을 게걸스럽게 먹어치운다. 구상성단에서 발견되는 중간

▶ 활동은하 중심의 블랙홀에서 제트를 방출하는 상상도. (NASA)

질량 블랙홀들도 이 같은 과정을 거쳐 생성된 것으로 보인다.

블랙홀 성장의 또다른 가능성으로는, 블랙홀이 항성 또는 다른 블랙홀과 융합할 경우가 있다. 블랙홀들은 부근의 다른 블랙홀과의 충돌을 거쳐 병합하면서 태양 질량의 수백만 배에 달하는 초대질량 블랙홀로 성장하기도 한다. 대부분의 은하의 중심에는 이러한 초대질량 블랙홀이 존재하는 것으로 추정되고 있다.

57 블랙홀에도 종류가 있나요?

A 흔히들 잘 모르고 있는 사실이지만, 블랙홀에도 분명 종류가 있다. 대략 세 가지 유형이 있는데, 곧 항성 블랙홀과 초대질량 블랙홀 그리고 중간질량 블랙홀이 그것들이다.

항성 블랙홀이란 항성이 생애의 마지막에 이르러 남은 연료를 다 태우고 난 후 중력붕괴를 일으킨 끝에 만들어지는 것이다. 중력붕괴는 별의 내

▶ 동반성으로부터 물질을 빨아들이는 블랙홀 상상도. (NASA)

부에서 더이상 에너지가 생성되지 않기 때문에 천체 자체의 압력을 감당하지 못해 내부로 무너지는 것을 말한다.

중력붕괴가 일어나면 태양 질량의 약 3배가 못

되는 별은 중성자별이 되거나 백색왜성이 된다. 하지만 그보다 덩치가 큰 별들은 중력붕괴가 극도로 진행되어 항성 블랙홀을 만든다. 개별적인 별이 중력붕괴를 일으켜 만들어지는 블랙홀은 대체로 작지만 물질밀도는 놀라울 정도로 높다. 태양 질량의 3배 정도 되는 별이 한 도시 크기로 압축된다. 이 천체의 중력은 끔찍할 정도로 강해서 주위의 모든 가스와 먼지들을 끌어당김으로써 덩치를 키워간다. 하버드-스미소니언 천체물리학 센터에 따르면, 우리은하에 이러한 항성 블랙홀이 수억 개 정도는 된다고 한다.

초대질량 블랙홀은 대략 은하 중심에 자리잡고 그 은하를 중력적으로 지배하는 블랙홀이다. 덩치는 놀랍게도 태양 질량의 수백만 배 또는 수십억 배에 달하기도 한다. 그러나 지름의 크기는 우리 태양과 비슷하다. 어마어마한 물질밀도를 가지고 있다는 뜻이다.

이러한 블랙홀이 거의 모든 은하의 중심부에 있는 것으로 보이며, 우리 은하의 중심부에도 똬리를 틀고 있다. 이런 거대질량의 블랙홀이 어떻게 생성되었는가에 대해서 과학자들은 아직까지 정확한 답안을 작성하지 못하고 있다. 어쨌든 이런 블랙홀이 은하 중심에 자리잡고 나면 주변에 풍부한 물질들을 닥치는 대로 탐식하고, 그 결과 엄청난 질량의 블랙홀로 성장한다는 정도만 알려져 있다.

과학자들은 이 같은 거대질량 블랙홀이 무수히 많은 작은 블랙홀들의 합병 결과물이 아닐까 하고 생각하고 있다. 또는 거대한 가스 구름이 급격한 중력붕괴를 일으켜 이런 블랙홀로 발전한 것일 수도 있다고 본다. 다른 가능성으로는 성단을 이루던 별들이 한 점으로 대함몰을 일으켜 블랙홀이 되었을 수도 있다는 것이다.

중간질량 블랙홀은 최근에 발견된 새로운 유형이다. 원래 과학자들은 블랙홀이 아주 작은 것과 엄청 큰 것, 두 종류만 있다고 생각해왔다. 그런데 최근 블랙홀에도 미디엄 사이즈(IMBHs)가 있다는 사실이 발견되었다. 이런 블랙홀은 성단 안에서 별들이 연쇄충돌을 일으킨 결과 태어나는 것으로 알려졌다. 이런 블랙홀들이 같은 지역에서 여럿 만들어지면 결국에는 합병 과정을 밟게 되는데, 은하 중심의 거대질량 블랙홀은 이 같은 경로를 거쳐 생성된 것으로 보고 있다.

2014년에 마침내 천문학자들은 한 나선은하의 팔에서 중간질량 블랙홀이 탄생하는 것을 목격했다. 그들의 존재는 알고 있었지만 오랫동안 물증을 찾지 못했던 천문학자들이 애타게 기다리던 발견이었다.

58 블랙홀은 얼마나 큰가요?

A 블랙홀 중심이 있는 특이점은 중력의 고유 세기가 무한대로 발산하는 시공의 영역으로, 여기서는 어떤 물리법칙도 성립되지 않으며 인과적因果的 기술이 보장되지 않는다. 팽창 우주의 시초나 별의 중력 붕괴의 말기에는 필연적으로 시공의 특이점이 존재하게 된다는 것이 영국 물리학자 스티븐 호킹에 의해 증명되었다. 시공간이 사라지는 지점이라고 말할

▶ 우주 최대의 블랙홀 상상도. 심우주의 퀘이사 중심에서 발견했다. 정식 이름은 SDSS J010013.02+280225.8. 태양 질량의 120억 배로, 나이는 우주의 나이보다 10억 년 적을 뿐이라 한다. (Shanghai Astronomical Observatory)

수 있는 특이점은 물질의 밀도가 무한대이지만 부피는 없다.

이와는 반대로, 사건 지평선은 블랙홀의 질량에 따라 그 크기가 달라진다. 블랙홀과 사건의 지평선 간의 수학적 관계는 독일의 물리학자 카를 슈바르츠실트 (1873~1916)에 의해 유도되었다.

1916년 슈바르츠실트는 아인슈타인의 중력장 방정식을 별에 적용한 결과, 별이 일정한 반지름 이하의 크기로 압축될 때 빛조차 탈출할 수 없는 블랙홀이 된다는 사실을 알아냈다. 블랙홀의 사건 지평선은 그의 업적을 기려 슈바르츠실트 반지름이라 하며, 블랙홀이 되기 위한 어떤 물체의 반지름 한계점을 말한다.

물체가 충분한 질량을 가지게 되어 특정 밀도에 가까워지면 물체의 중력이 매우 커지게 된다. 축퇴압이 물체의 밀도가 무한히 증가하고 그 부피가 줄어드는 것을 막게 되는데, 물체의 질량이 한계점을 넘어 축퇴압이 견딜 수 없을 정도로 강한 중력을 갖게 되어 그 물체의 크기가 슈바르츠실트 반지름보다 작아지면 블랙홀이 된다.

일반적으로 항성 블랙홀의 슈바르츠실트 반지름은 160km쯤 되는 데 비해, 초대질량 블랙홀의 반지름은 몇백만 내지 몇십억km에 달한다. 만약 태양이 압축되어 블랙홀이 된다면 슈바르츠실트 반지름은 약 3km가 되고,

지구의 경우에는 8mm 정도 된다.

지금까지 발견된 최대의 블랙홀은 태양의 10억 배의 질량을 가졌으며, 태양계 전체와 거의 같은 크기에 상당한다. 현재 은하 중심부에 존재한다고 추측하는 초대질량 블랙홀의 슈바르츠실트 반지름은 대략 780만km 정도다.

59 보이지 않는 블랙홀을 어떻게 찾나요?

A 블랙홀은 엄청난 질량을 갖고 있지만 덩치는 아주 작다. 그만큼 물질밀도가 극도로 높다는 뜻이다. 블랙홀의 질량은 그 중심에 집중되어 있으며, 어떤 것이든 한번 넘어서면 탈출할 수 없는 경계, 곧 사건의 지평선 안으로 들어가면 빛조차도 블랙홀을 탈출할 수가 없다.

따라서 우리는 블랙홀을 결코 볼 수 없다. 그런데도 우리은하는 물론 외부은하에서도 수많은 블랙홀들이 발견되었고, 또 발견되고 있다. 과연 과학자들은 어떠한 방법으로 블랙홀을 발견하고 그 존재를 확인하는 걸까?

블랙홀을 직접 관측할 수는 없지만, 여러 가지 우회적인 방법으로 블랙홀을 발견하거나 확인할 수 있다. 어떻게? 가장 유용한 도구는 블랙홀이 가진 엄청난 중력이다. 관측되는 천체가 예상보다 훨씬 빨리 움직이거나 회전하는 등 이상 움직임을 보이면, 그 근처에 블랙홀이 있을 가능성이 매우 높다. 이럴 경우 케플러의 행성운동 제3법칙을 적용하면, 물체를 직접 보지 않고도 그 질량과 위치를 측정하는 일이 가능하다.

또 다른 방법도 블랙홀의 강한 중력으로 인해 빚어지는 현상을 이용하는 것이다. 블랙홀이 엄청난 중력으로 주변의 동반성이나 성간 물질로부터 가스와 먼지를 빨아들일 때, 빨려들어가는 물질은 블랙홀의 강한 중력

▶ 제트를 내뿜는 백조자리 X-1 블랙홀로 빨려들어가는 물질 상상도. (NASA)

때문에 블랙홀 주위로 빠르게 회전하는 납작한 강착원반降着圓盤이라 불리는 구조를 만들게 된다. 이 강착원반은 블랙홀 주변에 모여든 많은 물질과의 마찰로 가열되어 수백만 도에 이르는 X선 등의 전자기파를 방출하는데, 이 X선 복사를 관측함으로써 블랙홀의 존재를 알 수 있는 것이다. 단, 이 X선은 지구 대기층에서 모두 흡수되어 지상까지 도달하지 않으므로 대기권 밖으로 나가서 관측해야 한다.

이 같은 X선 관측을 통해 찾아낸 것이 바로 백조자리의 백조자리 X-1으로 불리는 블랙홀이다. 이 블랙홀 바로 옆에는 거대한 청색 초거성이 존재한다. 이런 유형의 블랙홀은 짝별인 항성과 함께 서로의 주위를 돌며 쌍성계를 형성한다. 두 천체는 쌍성을 이루며 5.6일 주기로 서로 돌고 있는데, 두 천체 간의 거리는 무척 가까워서 지구-태양 간 거리의 1/5밖에 되지 않는다.

우리은하 중심부에 있는 초대질량 블랙홀은 두터운 먼지와 가스로 뒤덮여 있어 X선 방출을 막고 있다. 물질이 블랙홀로 빨려들어가면서 유입물질 강착원반을 형성할 때 블랙홀에 걸려 있던 강한 자기장과 강착원반의 합동작전으로 광속에 가까운 무지막지한 제트가 발생한다. 이러한 강력한 제트 분출은 아주 먼 거리에서도 볼 수 있다.

2016년 2월에는 LIGO의 관측으로 두 개의 블랙홀이 서로 융합하면서 발생한 중력파를 감지함으로써 블랙홀의 존재와 함께 아인슈타인이 일반 상대성 이론에서 예측한 중력파 존재를 역사상 최초로 관측하는 데 성공했다. 이에 관해 언론에서는 100년 만에 아인슈타인의 예측이 옳았음이 검증됐다고 대서특필되기도 했는데, 이는 최초로 블랙홀 쌍성계 융합이 관측된 사례이기도 하다.

60 사람이나 지구가 블랙홀 안으로 떨어지면 어떻게 되나요?

A 블랙홀이란 엄청난 중력으로 주위의 모든 물질을 집어삼키며, 일단 여기에 한번 끌려들면 빛조차도 탈출할 수 없다는 무시무시한 존재다. 우주 속의 다양한 천체들 중에서 블랙홀만큼 흥미로운 대상도 없을 것이다. 얼마 전 블랙홀의 충돌로 빚어진 중력파를 역사상 최초로 검출하는 데 성공함으로써 블랙홀은 다시 한번 지구 행성인들에게 주목받는 존재가 되었다.

블랙홀에 관해서 사람들이 공통적으로 가장 궁금하게 여기는 점은 만약 내가 고밀도의 작은 블랙홀 안으로 떨어진다면 어떻게 될까 하는 것이다. 무시무시한 상상이긴 하지만, 이 문제는 변함없이 사람들의 가장 큰 관심사다. 의외이지만 작은 블랙홀일수록 조석력이 커진다.

먼저 당신이 블랙홀의 사건 지평선을 넘어서는 순간 곧 중심의 특이점을 향해 속절없이 떨어져간다. 블랙홀의 중심에 가까워질수록 중력이 강해지므로 당신의 발과 머리 쪽에 가해지는 중력에 큰 차이가 생긴다. 발끝과 머리에 가해지는 조석력의 차이는 이윽고 지구의 총중력과 동일하게 된다. 이 상황은 마치 두 대의 크레인이 당신의 머리와 발을 잡고 힘껏 끌

▶ 대마젤란 은하 앞에 블랙홀이 있을 경우를 시뮬레이션한 사진. 중력렌즈 효과로 대마젤란 은하가 두 개로 확대, 왜곡돼 보인다. (wiki)

어당기는 형국이나 비슷하다.

가공스러운 블랙홀의 조석력은 당신의 몸뚱이를 블랙홀 중심에 이르기 전에 국수가락처럼 한정없이 늘어뜨리다가 마침내는 낱낱의 원자 단위로 분해하고 말 것이다. 이것이 바로 블랙홀의 스파게티화 spaghettification라는 현상이다.

만약 블랙홀 안으로 떨어진다면 당분간 외롭겠지만 당신은 스파게티가 되어 속절없이 블랙홀의 중심, 특이점으로 떨어져내릴 것이다. 그것을 멈출 수 있는 존재는 우주 안 어디에도 없다. 하지만 당신이 사건 지평선을 넘어갈 경우, 바깥 관찰자에게는 속도가 점점 느려져 그 경계에 영원히 닿지 않는 것처럼 보인다. 그렇다고 당신에게 닥치는 파멸적인 결과가 유예된다는 뜻은 아니다. 다만 당신이 블랙홀 안에서 낱낱이 분해되기까지 걸리는 시간이 겨우 10분의 1초밖에 안된다는 사실이 조금은 위안이 될 수 있을까?

블랙홀에 빠지더라도 어떻게든 조석력을 이겨내고 생존할 수 있는 상황을 가상하면 더욱 재미있는 사실을 알 수 있다. 블랙홀은 클수록 당신에게 덜 치명적이다. 만약 당신이 빠진 블랙홀이 지구 크기만 하다면 당신은 스파게티가 될 운명을 피할 수가 없다. 하지만 그 블랙홀이 태양계만 하다면 블랙홀의 사건의 지평(블랙홀에서 되돌아올 수 없는 한계선)에서 느끼는 조석력이 그다지 크지 않아 당신의 몸은 그런대로 원형을 보존할 수 있을 것이다.

그렇다면 아인슈타인의 일반 상대성 이론에서 예측한 시공간의 휘어짐은 블랙홀에서 어떻게 나타날까? 먼저 당신이 블랙홀로 뛰어들 때 빛의 속도에 가깝게 가속하여 돌입한다면, 공간 속을 움직이는 속도가 빠를수록 시간의 느리게 흘러갈 것이다. 그럼 어떤 현상이 벌어지는가? 당신이 블랙홀 안으로 떨어질 때 당신 바로 앞에는 당신보다 먼저 떨어진 것들이 보일 것이다. 그것들은 당신보다 더 많은 시간 지체를 겪었기 때문이다. 만약 뒤쪽으로 돌아볼 수 있다면, 당신보다 늦게 블랙홀 안으로 떨어진 모든 것들을 볼 수 있을 것이다.

결론적으로 말해, 당신은 당신이 있는 그 지점의 우주의 전 역사, 곧 빅뱅에서 먼 미래까지의 역사를 동시에 볼 수 있다는 뜻이다.

특이점으로 떨어져내린 물질이 어떻게 되는지에 대해선 아직까지 물리학이 알아낸 것이 전혀 없다. 블랙홀에는 질량, 전하, 각운동량 외에는 아무 정보도 얻을 수 없다. 그래서 흔히들 블랙홀에는 세 가닥의 털밖에 없다고 말하며, 이것을 털 없음 정리라 한다. 여기서 털이란 블랙홀을 구분할 수 있는 특성을 뜻한다. 이처럼 인류는 아직까지 블랙홀에 대해 아는 것보다 모르는 것이 더 많은 만큼 블랙홀은 21세기 천문학과 물리학에서도 여전히 화두가 될 것으로 보인다.

61 블랙홀에서 탈출하는 것도 있다고요?

A 블랙홀이 주변의 물질을 게걸스럽게 빨아들여 몸집을 불려가는데, 그렇다고 무한정 몸집을 불릴 수는 없다는 사실이 얼마 전에 밝혀졌다. 말하자면 블랙홀에도 한계체중이 있다는 뜻이다.

천문학자들의 계산서를 보면, 태양 질량의 500억 배까지 질량이 불어난

▶ 복사하는 블랙홀. 블랙홀도 오랜 시간 후면 복사로 인해 서서히 종말을 맞는다. (NASA)

블랙홀은 더이상 외부 물질들을 끌어들이지 않고 성장을 멈추는 것으로 나와 있다. 우리은하 중심의 블랙홀은 현재 태양 질량의 약 450만 배로 알려져 있는데, 우리은하가 태양 질량의 약 1조 배인 점을 고려하면 이 블랙홀의 한계질량은 우리은하 질량의 1/20인 셈이다.

이러한 블랙홀이 주변의 물질을 소진한 후에는 자신의 물질을 바깥으로 내놓는 증발이 이루어진다는 사실이 밝혀졌다. 블랙홀 증발이란 빛 등 여러 소립자를 방출하는 것을 가리키는데, 1970년대 영국의 물리학자 스티븐 호킹이 블랙홀이 양자요동으로 인해 무언가를 내놓는다는 것을 보여주는 이론을 완성했다.

양자론에 따르면, 아무것도 없는 진공에서 난데없이 입자와 반입자로 이루어진 가상입자 한 쌍이 나타날 수 있으며, 이 한 쌍은 매우 짧은 시간 존재하다가 쌍소멸된다. 대부분의 상황에서 이들 입자 쌍은 관측하기 힘들 정도로 매우 빠르게 생겼다가 소멸되는데, 이를 양자요동 또는 진공요동이라 한다. 과학자들은 실제로 이 양자요동의 존재를 실험적으로 확인했다.

블랙홀의 사건 지평선 근처에서 양자요동으로 한 쌍의 입자가 생겨날 경우 블랙홀의 강한 조석력 때문에 헤어지기 쉽다. 즉, 두 입자 중 하나는 사건 지평선을 가로질러 떨어지는 반면, 다른 하나는 밖으로 탈출할 수도 있다. 탈출한 입자는 블랙홀에서 에너지를 가지고 나간 것으로, 이 과정이 반복적으로 일어나면 외부의 관측자는 블랙홀에서 나오는 빛의 연속적인 흐름을 보게 된다.

호킹의 이론에 따르면, 이 같은 양자 요동 효과 때문에 블랙홀이 빛을 방출한다는 것이다. 이를 블랙홀 증발이라 하고, 이때 빠져나오는 빛을 호킹 복사라 한다. 그래서 호킹은 "블랙홀이 실제로는 완전히 검지 않다"는 말로 이 상황을 표현했다. 호킹의 이론대로 블랙홀이 계속 증발한다면, 수조 년의 시간이 흐르면 블랙홀 자체가 완전히 사라질 수도 있다는 뜻이다.

블랙홀의 증발 정도는 블랙홀의 질량이 작을수록 격렬해져, 최후의 소멸

▶ '블랙홀은 완전히 검지 않다'고 주장하는 영국의 우주론자 스티븐 호킹. (wiki)

에 가까워지면 폭발하듯이 강력한 감마선을 복사하면서 급속히 소멸한다. 태양 질량의 블랙홀이 증발해서 소멸되기까지 걸리는 시간은 약 10^{50}년 걸릴 것으로 추산된다.

62 회전하는 블랙홀도 있나요?

A 블랙홀이 갖는 물리량은 질량, 각운동량, 전하 세 가지다. 보통 블랙홀을 말할 때는 슈바르츠실트가 이론적으로 발견한 회전하지 않는 종류로, 질량만을 갖는 슈바르츠실트 블랙홀을 가리킨다. 회전하지 않는 별이 붕괴되면서 블랙홀이 만들어진다면 이 블랙홀은 당연히 회전하지 않

▶ 초질량 블랙홀의 제트 분출. 광속에 가까운 제트는 수백만 광년을 달려간다. (NASA)

을 것이다. 슈바르츠실트 블랙홀의 구조는 비교적 간단하다. 질량 중심에 밀도가 무한대인 특이점(singularity)이 있고, 질량 중심으로부터 일정한 거리에 바깥과 단절된 지역인 사건 지평선이 존재한다. 사건 지평선은 블랙홀의 표면인 셈이다.

그러나 각운동량을 갖고 회전하는 블랙홀이 있는데, 1963년 미국 텍사스 대학의 로이 커가 회전 블랙홀 문제를 풀었다. 회전하지 않는 슈바르츠실트 풀이를 구한 지 약 50년이 지나서야 커 풀이가 나오게 된 셈이다. 회전하는 블랙홀을 커 블랙홀이라고 한다.

커는 블랙홀은 무거운 별의 중력붕괴에 의해 생긴 것이며, 모든 별들은 회전하므로 블랙홀도 회전한다고 주장했다. 이때 사건의 지평선은 두 개가 생긴다. 이 경우의 특이점은 지평선이 점이 아니라 고리 모양이고 안쪽에 있는 사건의 지평선 안에 놓여 있다.

사실 우주에 있는 대부분의 별들은 회전한다. 각운동량 보존법칙을 생각할 때 회전하는 별이 블랙홀로 붕괴된다면, 당연히 커 블랙홀이 될 것으로 보인다. 그럴 경우, 덩치가 작아질수록 회전속도는 빨라진다. 피겨스케이트 선수가 회전하면서 팔을 몸 쪽으로 붙이면 더 빨리 도는 것과 마찬가지다. 따라서 커 블랙홀은 매우 빠른 속도로 회전한다.

커 블랙홀은 슈바르츠실트 블랙홀보다 훨씬 복잡하다. 커 블랙홀은 두 개의 사건 지평선과 고리 모양의 특이점을 갖는다. 두 개의 지평선 중 안쪽의 것은 보통의 사건 지평선으로 한번 들어가면 다시 되돌아나올 수 없는 경계다. 바깥쪽의 지평선은 적도 부분이 불룩하게 튀어나온 작용권 (ergosphere)의 표면이다. 작용권은 사건 지평선 밖에 존재하는 타원형 공간 으로 이곳에서는 소용돌이치는 물질이 외부로 탈출할 수도 있다.

블랙홀은 작은 덩치 안에 큰 질량을 가지고 있기 때문에 빠른 속도로 회전하면 전하의 밀도 역시 엄청 높아져 자기장이 압축된다. 블랙홀로 빨 려들어가는 가스 등 물질의 엄청난 마찰열로 인해 온도가 극한까지 올라 가면, 블랙홀의 조석력에 반발하여 삼켜지지 않은 가스의 일부가 강력한 제트로 분출된다. 위아래 두 방향으로 분출되는 이 제트는 때로 광속의 99% 이상으로 가속되어 수백만 광년의 거리를 날아가기도 한다. 우주에 서 벌어지는 일 중 가장 극적인 블랙홀 제트 분출은 블랙홀의 '트림'과 같 다. 즉, 제트는 블랙홀이 먹어치운 물질과 먹은 속도에 따라 달라진다.

63 두 개의 블랙홀이 충돌하면 어떻게 되나요?

A 두 개의 블랙홀이 서로 멀리 떨어져 있다면 블랙홀끼리의 상호작용 은 약한 중력장 속의 여느 천체들과 별로 다를 게 없다. 그러나 가까 이 접근한다면 엄청난 충돌을 일으킬 수가 있다.

블랙홀끼리의 충돌이 실제로 일어난 증거가 얼마 전 포착되었다. 2016년 2월 11일, 미국 워싱턴주와 루이지애나주에 설치된 레이저 간섭계 중력파 관측소(LIGO)는 두 개의 블랙홀이 서로 융합하면서 발생한 중력파를 검증 함으로써 역사상 최초의 중력파 관측에 성공했다. 이는 최초의 중력파 관 측이며 동시에 최초로 블랙홀 쌍성계 융합이 관측된 사례이기도 하다.

두 개의 블랙홀이 합체 직전 강력한 중력 간섭에 의해 중력파를 내놓는

▶ 블랙홀 충돌 상상도. 2015년 9월 14일, LIGO가 중력파 검출로 관측한 충돌 블랙홀들은 각각 태양 질량의 29배, 36배였다. (SXS/LIGO)

데, 이번에 검출된 중력파는 지구에서 13억 광년 떨어진 곳의 두 블랙홀이 서로의 둘레를 돌다가 마침내 충돌, 합병했을 때 발생된 것이다. 이 중력파를 잡은 시점은 지난 2015년 9월 14일이었다. LIGO가 관측한 블랙홀들은 각각 태양 질량의 29배, 36배였다.

이 같은 발견이 무엇보다 먼저 놀라운 것은 블랙홀 충돌이라는 점이다. 사실 과학자들은 블랙홀이 충돌하여 더 큰 블랙홀을 만들어낼 것인가에 대해서 확신을 하지 못하던 터였지만, 이로써 그 물증을 확보하게 된 셈이다.

그로부터 또 3개월 뒤인 2015년 12월 26일에 다른 중력파가 검출되었다. 이 중력파는 14억 년 전의 것으로, 대략 태양 질량의 14배, 8배 정도 되는 블랙홀들이 충돌한 결과로 추정되었다. 새로운 블랙홀은 태양 질량의 21배 정도였고, 나머지는 충돌 에너지로 방출되었다.

블랙홀 충돌로 발생하는 중력파는 아주 미세한 시공간의 파동을 만들기 때문에 이를 다 검출하기는 어렵다. 그럼에도 3개월 만에 두 개의 중력파를 검출했다는 것은 블랙홀의 충돌이 우주에서 그렇게 드물지 않은 사건이라는 점을 시사한다.

블랙홀끼리 충돌할 때는 어떤 일이 벌어질까? 태양 질량의 블랙홀이라면, 크기는 반경 3km 정도다. 그러한 것들이 수십km 이내에 접근하면 상호 간의 형태가 무너지기 시작하며, 더욱 접근하면 피차 엄청난 기세로 가속한다. 가속하는 물체는 중력파를 복사하므로, 연속한 블랙홀 계는 에너지를 잃기 시작한다. 에너지와 질량은 등가이므로, 서로가 떨어져 있었을 때의 질량에 비하면 블랙홀의 질량은 충돌 과정에 확실하게 감소한다. 수분 이내에 블랙홀의 사건 지평선은 서로 합쳐져서 땅콩과 같은 형태가 된다.

그 무렵 결속한 계는 엄청난 속도로 회전하므로 중력파 복사는 더욱 강도를 높이고, 최종적으로는 구형이 되어 안정된다. 이 신생 블랙홀의 질량은 중력파 복사에 의한 질량 손실로 인해 충돌 전 블랙홀 두 개를 합한 값보다 10% 정도 감량을 겪는다.

항성질량의 블랙홀 충돌 같은 작은 규모의 블랙홀 충돌은 오래된 구상성단에서 많이 발생하는 것으로 보인다. 구상성단은 수많은 별이 중력에 의해 공 모양으로 묶인 집단으로 적어도 수만에서 수백만 개의 별이 존재한다. 별들이 매우 가까이 촘촘하게 있다 보니 블랙홀이 발생할 경우 동반성을 만나기도 쉽고 항성질량 블랙홀끼리 마주칠 기회도 흔해 작은 블랙홀 충돌이 일어나기에 최적의 장소인 셈이다.

64 만일 블랙홀이 태양계에 들어온다면 어떤 일이 벌어지나요?

A 블랙홀의 질량에 따라서는 우리 태양계 환경은 확실히 위협받을 것이다. 질량이 목성 정도인 블랙홀이라면 지름은 불과 1m 정도이지만, 각 행성의 궤도를 가로지를 때 상당한 섭동(행성의 궤도가 다른 천체의 힘에 의해 정상적인 타원을 벗어나는 현상)을 줄 것이므로 간단히 발견할 수 있다.

질량이 태양 정도인 블랙홀이라면, 지름은 불과 5km이지만, 행성들의 궤도에 섭동을 일으킬 뿐만 아니라, 몇몇 행성을 태양계로부터 완전히 쫓아내버릴지도 모른다. 대도시 정도 크기인 지름 20km의 블랙홀이라면 태양계는 와해를 면치 못할 것이다.

블랙홀이 지구와 충돌한다면 어떻게 될까? 블랙홀이 지구에 근접하면 먼저 지구의 대기를 빨대처럼 빨아들일 것이다. 긴 덩굴손처럼 뻗어나간 대기가 블랙홀 속으로 소용돌이치며 빨려들어가고, 블랙홀이 근접할수록 지구 위의 물체들도 점점 더 강한 블랙홀의 중력을 느낄 것이다.

이윽고 어느 시점에 이르면 지표면에 있는 인간들은 지구의 중력보다 블랙홀의 중력을 더 강하게 느끼게 된다. 그리고 지면에서 떨어져 블랙홀의 사건 지평선을 넘어가면 가공스러운 블랙홀의 조석력에 의해 몸이 국수가락처럼 늘어지는 이른바 스파게티화를 겪게 되고, 몸의 모든 원자들과 소립자들이 낱낱으로 분해되어 속절없이 블랙홀 중심의 특이점으로 떨어져내릴 것이다.

지구가 고스란히 블랙홀에 붙잡혀서 그 안으로 곤두박질친다면 무슨 일이 벌어질까? 당연한 일이지만, 우리 몸이나 지구가 블랙홀 안으로 떨어질 때는 별로 차별대우를 받지 않는다. 즉각적으로 블랙홀의 강력한 조석력이 공평한 스파게티 대접을 해준다. 블랙홀 쪽에 가까운 지구 부분은 상대적으로 더욱 강한 조석력을 받아 흙과 암석 스파게티가 될 것이고, 지구 행성 전체는 종말을 맞을 것이다.

65) 화이트홀이란 무엇인가요?

A 블랙홀의 반대되는 개념의 천체로서 이론상으로만 존재하는 것이다. 일반 상대성 이론에서 화이트홀은 시간이 역행한 블랙홀이라고 설명된다.

블랙홀이 사건 지평선을 지나는 그 어떠한 것이라도 다 빨아들이는 진공청소기와 같은 역할을 하는 반면, 화이트홀은 자신의 사건 지평선으로부터 물체를 뱉어내는 물질의 수원지와 같다. 물질이 어딘가 다른 장소로부터 그곳을 통해서 이 우주로 들어오는 것이다.

그러나 화이트홀의 존재에 대해 확인된 것은 하나도 없다. 화이트홀은 블랙홀보다 발견하기 어렵다. 화이트홀에 비하면 초거대 블랙홀은 간단하게 발견된다. 그렇다고는 하지만 초거대 구멍이 반드시 블랙홀은 아니며, 화이트홀일 가능성도 있다.

중력이라는 점에서 멀리서 보면 양자는 아주 닮았다고 할 수 있다. 하지만 근방의 물질의 흐름이 움직일 수 없는 증거가 된다. 도플러 효과에 의해 화이트홀로부터는 커다란 청색이동을 보이는 물질이나 복사가 나타날 것이고, 블랙홀로 떨어지는 물질로부터는 커다란 적색이동을 볼 수 있을 것이다.

블랙홀과 화이트홀이 하나의 짝을 이루어 서로 연결되어 있을지도 모른다고 생각하는 과학자들도 있다. 마치 깔때기처럼 두 개의 시공간 구멍의 바닥이 서로 연결되어 있다고 생각하는 건데, 회전하는 블랙홀의 경우 블랙홀에 빠져든 물질이 고리 모양의 특이점을 피해 다른 공간에 있는 화이트홀로 나올 가능성이 있다. 이처럼 블랙홀과 화이트홀이 연결된 통로를 웜홀worm hole(벌레 구멍)이라 한다. 단, 화이트홀의 빠져나가는 끝부분은 우리 우주와는 다른 우주로, 결코 되돌아올 수는 없다.

화이트홀은 존재 자체가 불가능하다는 설이 있다. 우주의 시초인 빅뱅 자신이 화이트홀이 아닌가라는 설도 있다. 현재까지 화이트홀이나 웜홀이 실제로 관측된 사례는 전혀 없다. 그러나 앞으로 관측될 가능성이 전혀 없다고는 할 수 없다.

웜홀을 이용해서 빛보다 빨리 공간이동하는 일이 가능한가요?

A 빛보다 빨리 이동한다면 인과관계가 무너져, 과거로 돌아가 나를 낳은 부모를 죽일 수 있다는 논리도 성립한다. 그렇다면 현재의 나는 없어야 한다. 이런 패러독스 때문에 빛보다 빠른 공간이동이란 허구일 수밖에 없다.

웜홀은 빛까지도 빨아들이는 블랙홀과 그것을 뱉어내는 화이트홀의 연결통로로 여겨졌지만, 화이트홀의 존재 여부가 불투명해지면서 블랙홀끼리 연결되는 순간이동 통로일 것이라는 설이 우세하다.

블랙홀이 회전하면 그 속도로 인해 회오리가 생기는데, 이것이 웜홀로 변형된다. 시공간의 다른 지점을 최단거리로 연결하는 고차원 구멍이라는 의미에서 웜홀이라는 이름이 붙었다. 시공간을 잇는다 해서 시공간 통로라고도 불린다. 웜홀을 지나가는 속도는 광속보다도 더 빠르고, 블랙홀로 빨려들어가면 이 통로를 지나 화이트홀로 나온다고 한다.

웜홀이란 아인슈타인의 일반 상대성 이론을 풀어서 블랙홀에 대한 해를 구할 때 자연스럽게 유도되는 것으로, 아인슈타인 - 로젠의 다리라고도 불린다. 처음에는 블랙홀과 화이트홀을 연결하고 있는 것이 웜홀이라고 추측되었으나, 화이트홀의 존재가 부정됨으로써 이제 그러한 의미로 쓰이진 않는다. 화이트홀이 부정되었다고 웜홀의 존재가 부정되는 것은 아니지만 이론에서 유도되는 웜홀의 해가 아주 순간적인 부분에서만 존재하므로 불안정하다는 해석이 지배적이었다.

그러나 미국 물리학자 킵 손은 보통과는 다른 특정한 조건하에서는 웜홀이 안정적으로 유지될 수 있고, 이것을 통해 우주여행을 할 수 있다고 주

장한다. 이는 킵 손이 자문역할을 한 영화
〈인터스텔라〉에서도 소개되었다. 웜홀의
한쪽 입구를 아주 빠르게 이동시켰다가, 다
시 돌아오게 하면 시간지연 현상이 발생하
게 되어 웜홀을 통한 시간여행이 가능하다
는 것이다.

문제는 블랙홀의 엄청난 기조력 때문에
진입하는 모든 물체가 스파게티 신세를 면
치 못하는데, 과연 웜홀을 무사히 빠져나올
수 있을까 하는 점이다. 웜홀 여행이라면
사양하고 싶다고 한 영국 물리학자 스티븐
호킹의 말만 보더라도, 웜홀 여행이란 그저
이론을 좋아하는 물리학자들의 머릿속에서

▶ 미국 물리학자 킵 손. 중력파 검출
에 주도적 역할을 해서 2017년 노벨
물리학상을 받았다. 영화 〈인터스텔
라〉의 자문역할을 해서 대중적으로도
유명하다. (wiki)

나온 가설로, 수학적으로만 가능한 얘기일 거라는 강한 의혹을 받고 있다.
어쨌거나 화이트홀이나 웜홀의 시간여행 개념은 영화나 SF소설에서 단골
메뉴로 대중에게 크게 어필하고 있다는 사실만은 분명하다.

여담이지만, 킵 손이 백조자리 X-1이 블랙홀인가 아닌가를 놓고 스
티븐 호킹과 내기를 한 적이 있다. 킵 손은 블랙홀이 맞다, 호킹은 아니다
에 걸었다. 내기의 상품은 〈펜트하우스〉 1년치 정기구독권. 결국 백조자리
X-1이 블랙홀로 밝혀지면서 킵 손의 승리로 끝났고, 호킹이 약속이행을
성실히 하는 바람에 킵 손 부인에게 엄청 원성을 들었다고 한다.

A 이름부터 괴이쩍은 쿼이사는 '비슷하다'는 영어의 'Quasi'와 별이 란 'stellar'를 합성한 말로, '별 비슷한 천체'라는 의미가 되겠다. 그래서 준항성체, 줄여서 준성準星 또는 준성체라 한다. 그러니까 별이 아닌 것만은 확실하다.

그럼 무엇인가? 천문학자들의 이 괴천체의 정체를 밝히기 위해 오래 골머리를 썩여야 했다. 이 수수께끼의 괴천체는 알고 보니 멀고 먼 우주에서 별처럼 밝게 빛나는 활동은하의 핵이었다. 은하 중심에 똬리 틀고 있는 거대질량 블랙홀이 주변으로 떨어지는 물질을 강착원반으로 만들어 먹성 좋게 활발하게 집어삼킬 때 강한 에너지를 방출하는 은하를 활동은하라 한다.

강한 전파를 방출해서 준항성상 전파원으로도 불리는 쿼이사가 발견된 지는 반세기밖에 안된다. 1962년 미국 칼텍(캘리포니아 공과대학)의 마르텐 슈미트 연구팀은 별처럼 보이는 3C 273이라는 전파광원을 관측한 결과, 24억 광년이나 먼 곳에 있는 천체임을 밝혀냈다. 뿐더러 3C 273은 우리로부터 매우 빠른 속도로 멀어지고 있는 특이천체였다.

쿼이사가 이렇게 멀리 있는데도 그 겉보기 밝기가 상당하다는 것은 쿼이사의 실제 광도가 매우 밝다는 뜻이다. 얼마나 밝은가 하면, 태양 밝기의 무려 2조 배다. 쿼이사를 태양 자리에 끌어다가 태양 밝기로 만들고, 그에 비례해서 태양 밝기를 줄인다면 태양은 겨우 3등성밖에 되지 않는다.

한편, 쿼이사 광원의 크기가 엄청나게 작다는 사실도 알려졌다. 3C 273의 크기는 0.1광년 정도다. 우리은하의 지름 10만 광년에 비추어보면 거의 점 하나다. 이렇게 작은 지역에서 태양 2조 배의 빛이 나올 수 있는 경우의 수는 딱 하나다. 거대질량 블랙홀 주변에 엄청난 가스가 떨어지면서 그 마찰력으로 고온의 빛을 내는 경우밖에 없다.

따라서 퀘이사의 존재는 거대질량 블랙홀의 존재에 대한 유력한 증거라고 할 수 있다. 거대질량 블랙홀 주변으로 떨어지는 물질은 강착 원반을 이루면서 빛을 내며,

▶ 현재까지 발견된 퀘이사 중 가장 멀리 있는 ULAS J1120+0641의 상상도. 이 퀘이사는 태양의 20억 배 질량의 블랙홀에 의해 그 에너지를 얻고 있다. (NASA)

거대질량 블랙홀은 이 원반의 물질을 폭식하면서 덩치를 키워간다.

블랙홀에 떨어지지 않은 물질은 강착원반의 아래위 두 방향으로 강력한 제트를 분출하고, 이 제트가 지구 쪽으로 향할 때 우리는 퀘이사의 존재를 알아채게 되는 것이다. 결국 블랙홀 이론으로 퀘이사의 수수께끼를 풀어낸 셈으로, 이는 20세기 최고의 지식 중 하나로 평가받고 있다.

현재까지 퀘이사는 20만 개 이상 발견되었는데, 대략 6억 광년에서 280억 광년 거리에 분포하고 있는 것들이다. 2011년 6월 기준으로 가장 멀리 있는 퀘이사는 ULAS J1120+0641로, 지구에서 약 290억 광년 거리에 있다. 우리가 이 거리의 퀘이사를 보는 것은 290억 년 전의 모습을 보는 것이며, 그 주변환경의 모습은 우주가 탄생한 초기의 풍경이다.

요즘 심심한 우주

우주와
우주론

우주는 위대하다.
우주를 사색하는 인간을 만든 것만 봐도
그것은 명백하다.

| 에드 별치기 |

A "밤하늘은 왜 어두운가?" 이런 '싱거운' 질문 하나가 몇 세기 동안 천문학자들의 골머리를 싸매게 했다니, 얼른 믿어지지가 않지만 사실이다. 이 질문의 의미는 보기보다 심오하다. 어두운 밤하늘이 '무한하고 정적인 우주'라는 기존의 우주관에 모순된다는 것을 보여주기 때문이다.

우주가 무한하고 별들이 고르게 분포되어 있다면, 우리 눈앞에 펼쳐진 2차원의 밤하늘은 별들로 가득 메워져 밤에도 환해야 한다. 왜냐하면 우리 시선이 결국은 어떤 별엔가 가 닿을 것이기 때문이다.

거리가 멀어질수록 별빛의 광도가 떨어지기 때문이라는 것도 정답이 될 수 없다. 광도는 거리 제곱에 반비례하지만, 그 거리를 반지름으로 하는 구면의 면적 역시 거리 제곱에 비례하여 늘어나고, 따라서 별의 갯수도 그만큼 늘어나기 때문이다. 그런데도 밤하늘은 여전히 어둡다. 이건 역설이다. 왜 그런가?

이 문제의 원형은 오래 전부터 존재했지만, 이것을 하나의 화두로 만든 사람은 19세기 독일의 천문학자이자 의사인 하인리히 올베르스(1758~1840)다. 그래서 이 역설을 올베르스의 역설이라 한다. 소행성 발견자인 올베르스는 '어두운 밤하늘의 역설'이라고도 하는 이 역설로 더욱 유명해졌다.

이 질문에 대한 올베르스 자신의 답은, 별빛을 차단하는 무엇, 예컨대 성간 가스나 먼지 같은 것들 때문이라고 보았다. 하지만 땡~. 먼지와 가스층이 우주공간을 메우고 있다면 오랜 세월 빛에 노출되어 발광성운이 되어 빛나게 되므로 우주는 마찬가지로 밝아질 것이기 때문이다.

17세기 천문학계에서 불세출의 거장이었던 요하네스 케플러도 이 문제로 골머리를 앓다가 "우주가 유한해서 그렇다"고 결론내리고 말았다. 이 역시 정답은 아니다.

올베르스의 역설을 처음으로 해결한 사람은 뜻밖의 인물이었다. 유명한 〈검은 고양이〉를 쓴 미국의 작가이자 아마추어 천문가인 에드거 앨런 포였다.

자신이 천체관측을 한 것에 대해 쓴 산문시 〈유레카〉(1848)에서 포는 "광활한 우주공간에 별이 존재할 수 없는 공간이 따로 있을 수는 없으므로, 우주공간의 대부분이 비어 있는 것처럼 보이는 것은 천체로부터 방출된 빛이 우리에게 도달하지 않았기 때문이다"고 주장했다. 그는 또, "이 아이디어는 너무나 아름다워서 진실이 아닐 수 없다"고 자신했다. 예술가다운 직관이라 하지 않을 수 없다.

포의 말마따나 밤하늘이 어두운 이유는 빛의 속도가 유한하고, 대부분의 별이나 은하의 빛이 아직 지구에 도달하지 않았기 때문이다. 또 별빛이 우리에게 도달하기에는 우주가 태어난 것이 충분히 오래지 않기 때문이기도 하다.

그러나 포가 미처 몰랐던 중요한 사실이 하나 더 있다. 그것은 우주가 지금 이 시간에도 엄청난 속도로 진행되고 있는 우주 팽창이라는 사실이다. 이 우주 팽창에 의해 우리 눈으로 볼 수 없는 파장대로 빛이 변형되어 가시광선의 범위를 벗어남에 따라 밤하늘은 여전히 어두운 것이다. 그러므로 우주 저편에서 출발해 아직까지 도달하지 못한 별빛들 역시 당분간 아니, 영원히 도달하지 못할 것이고, 밤하늘이 점차 밝아지는 일도 일어나지 않을 것이라는 게 정답이다.

우리가 지구 행성에서 올려다보는 밤하늘이 어두운 이유는 우주가 태어난 지 그리 오래지 않으며, 정적이지 않다는 빅뱅 이론을 지지하는 강력한 증거 중 하나인 셈이다. [유튜브 검색어 ▶ 올베르스의 역설]

A 흔히 하는 말로 삼라만상森羅萬象의 모든 것이 우주라고 한다. 문자 그대로, 숲처럼 빼곡히 늘어선 하늘과 땅의 온갖 사물과 모든 현상을 다 우주라고 한다는 얘기다. 물론 나 자신도 포함해서다.

우리가 우주라 할 때, 그 우주에는 공간뿐 아니라 시간까지 포함되어 있다. 즉, 우주는 아인슈타인이 특수 상대성 이론에서 밝혔듯이 4차원의 시공간인 것이다.

우주라는 말 자체도 그렇다. 중국 고전 〈회남자淮南子〉에는 '예부터 오늘에 이르는 것을 주宙라 하고, 사방과 위아래를 우宇라 한다'는 글이 있다. 말하자면 이 우주는 시공간이 같이 어우러져 있다는 뜻이다. 영어의 코스모스cosmos나 유니버스 universe에는 시간 개념이 들어 있지 않다. 동양의 현자들은 이처럼 명철했던 것이다.

현대에 와서 우주의 개념은 더욱 확장되었다. 어떤 가설들은 우리가

▶ 130억 광년 밖의 우주. 허블 망원경이 찍은 것으로 '허블 울트라 딥 필드'라 불린다. 우주 탄생 후 얼마 되지 않아 태어난 1만여 개의 은하들이 모여 있다. (NASA/ESA)

사는 우주는 우리가 보는 것이 전부가 아니라고 주장한다. 이러한 가설들에 따르면, 우주에는 공간, 시간, 물질, 에너지 이상의 것들이 존재한다. 우

---

* 중국 전한(前漢)의 회남왕 유안(劉安)이 저술한 일종의 백과사전.

리가 아직도 그 정체에 대해 실마리조차 잡지 못하고 있는 암흑물질과 암흑 에너지도 엄연한 우주의 구성 분자다.

그뿐 아니다. 다중우주라 해서 우리 우주와는 완벽히 단절되어 있는 다른 우주들도 무수히 존재한다고 믿는 사람들이 있다. 그러나 이 같은 가설은 결코 증명되지는 못할 거라는 게 대체적인 시각이다.

대략 이런 형편인지라 호주의 과학자 존 에클스는 이렇게 말했다. "우주는 우리가 상상하는 것보다 기이할 뿐만 아니라, 상상할 수 있는 것 이상으로 기이하다."

70 빅뱅이란 무엇인가요?

A 영어 빅뱅big bang을 우리말로 옮기면 '큰 꽝' 정도가 된다. 뭔가가 크게 폭발했다는 뜻인데, 폭발해서 무엇이 파괴되었다는 게 아니라 거기서 우주가 튀어나왔다는 얘기다. 그래도 무언가 폭발한 주체를 가리켜 원시의 알 또는 원시원자(primeval atom)라 부른다.

138억 년 전, 우주에 존재하는 모든 물질과 에너지는 갇혀 있던 작은 원시의 알이 대폭발을 일으켜 우주가 탄생되었으며, 시간과 공간의 역사가 시작되었다고 보는 게 빅뱅 이론의 요점으로, 1927년 우주의 기원에 대해 이런 추측을 맨처음 내놓은 사람은 벨기에의 가톨릭 신부이자 천문학자인 조르주 르메트르(1894~1966)였다.

1948년 러시아계 미국 물리학자인 조지 가모프(1904~1968)를 필두로, 랠프 앨퍼, 로버트 허먼은 우주 초기에 온도가 매우 높았다면, 대폭발로부터 광자의 형태로 방출된 복사의 일부가 아직까지 우주에 남아 있을 것이며,

대폭발 당시 나온 복사는 우주가 팽창하면서 냉각된 만큼 현재 남아 있는 복사의 잔해는 절대온도 약 5K 정도일 것이라고 예측했다.

▶ 2008년 관측된 우주배경복사. 태초의 빛을 찍은 것이다. (NASA/WMAP Science Team)

대폭발 이론으로도 불리는 빅뱅 이론이 우주에는 창조의 순간이 있었다고 주장하는 반대편에는, 우주는 영원 이전부터 존재해 왔으며, 앞으로도 일정한 밀도를 유지하면서 영원히 존재할 것이라고 주장하는 우주론이 있었는데, 이를 정상우주론이라 한다.

정상우주론은 1950년대 영국의 천문학자 프레드 호일(1915~2001)과 허먼 본디 등이 빅뱅 이론을 정면 반박하며 제안한 우주론으로, 우주는 팽창하지만 새로 생기는 공간에 지속적으로 새로운 물질이 만들어지며, 우주는 진화하는 것이 아니라 항상 동일한 모습으로 영속한다는 이론이다. 따라서 정상우주론에서는 굳이 우주의 시작점을 정할 필요가 없어 편리하다.

두 우주론은 팽팽하게 서로 맞서 우열을 다투었지만 쉽게 승부가 나지 않았다. 이처럼 이 두 우주론이 불꽃 튀는 대결을 벌이던 와중인 1950년, 영국 BBC 방송에 출연한 정상우주론자 호일이 빅뱅 이론을 비웃으며 "그럼 태초에 빅뱅이라도 있었다는 말인가?"라고 비꼬는 듯한 말을 내던졌는데, 이 말이 그대로 굳어져 빅뱅 이론이란 이름으로 정착되었다. 빅뱅 이론의 반대론자 프레드 호일이 빅뱅 용어의 창시자인 셈이다.

이렇게 맞서던 두 우주론이 단번에 승부를 가르게 되었는데, 바로 빅뱅의 물증이 발견되었기 때문이다. 프린스턴 대학의 로버트 디케는 태초의 강렬한 복사선의 잔재가 오늘날까지 남아 있으며, 감도 높은 안테나로 검출할 수 있다는 결론을 내리고 막 그것을 찾아나서려던 참이었는데, 그 잔재는 이미 다른 두 과학자에 의해 발견되어 있었다.

1965년 미국의 전파 천문학자 아노 펜지어스와 로버트 윌슨은 벨 연구소의 대형 안테나에서 나는 소음을 없애기 위해 노력하던 중 배경복사의 전파를 잡아냈다. 일찍이 조지 가모프가 예언했던 우주창생의 마이크로파였다. 온도도 이론값인 5K에 근접한 3K였다. 바로 대폭발의 화석이라 불리는 우주배경복사였다.

이 3K가 현재 우주의 체온이다. 우주의 온도를 재는 것은 비교적 간단하다. 빛은 광자光子라는 입자로 이루어져 있으며, 우주공간 1cm³당 광자가 약 400개 들어 있다. 그 대부분은 우주 초기 이래 여행을 계속해온 것들이며, 나머지는 별들에게서 온 것이다. 온도와 광자 사이에는 간단한 함수관계가 성립하는데, 이 멋진 공식에 따르면 광자 400개는 3K의 온도에 해당한다. 참고로, 어두운 방안에서 눈앞에 하얀 종이가 놓여 있다는 것을 인식하려면 적어도 4만 개의 광자가 필요하다.

펜지어스와 윌슨의 발견에 대해 기라성 같은 천문학자와 물리학자들이 찬사를 쏟아냈다. NASA의 저명한 천문학자 로버트 재스트로는 '500년 현대 천문학사에서 가장 위대한 발견'이라고 칭송했다. 또한 〈뉴욕타임스〉는 1965년 5월 21일자 신문 머리기사에 '신호는 빅뱅 우주를 의미했다'라는 제목으로 세상에 우주 탄생의 메아리를 전했다. 이 발견으로 두 사람은 1978년 노벨 물리학상을 받았고, 빅뱅 이론은 우주 모형의 표준으로 받아들여졌다.

지금도 우리는 이 우주배경복사를 직접 볼 수 있는데, 방송이 없는 채널의 텔레비전에 지글거리는 줄무늬 중 1%는 바로 그것이다. 138억 년이란 억겁의 세월 저편에서 달려온 빅뱅의 잔재가 지금 당신 눈의 시신경을 건드리는 거라고 생각해도 결코 틀린 말이 아니다.

빅뱅의 화석이 발견되었다는 소식은 임종을 앞둔 르메트르에게도 전해졌다. 평생 신과 과학을 함께 믿었던 빅뱅의 아버지 르메트르는 1966년에 향년 72세로 우주 속으로 떠나갔다.

71 우주가 풍선처럼 팽창하고 있다고요?

A 그렇다. 지금 이 순간에도 우주는 빛의 속도로 팽창을 계속하고 있다. 최근에는 팽창속도가 더욱 빨라지는 가속팽창을 하고 있다는 사실이 밝혀져 또 한번 세상에 충격파를 던져주었다.

1923년 10월 어느 날 밤, 2.5m 반사망원경으로 안드로메다 대성운 속에서 표준촛불로 알려진 변광성을 발견한 허블은 그것으로 안드로메다 성운까지의 거리를 결정하는 데 성공해 이 우리은하 밖에 있는 외부은하임을 입증했다. 허블의 발견은 우리은하가 우주의 전부인 줄로만 알고 있었던 인류에게 우리은하 뒤로 무수한 은하들이 늘어서 있다는 사실을 밝힌 것이었다.

밤하늘에서 빛나는 모든 것들이 우리은하 안에 속해 있다고 믿고 있던 사람들에게 이 발견은 청천벽력과도 같은 것이었다. 갑자기 우리 태양계는 자디잔 티끌 같은 것으로 축소되어버리고, 지구상에 살아 있는 모든 것들에게 빛을 주는 태양은 우주라는 드넓은 바닷가의 한 알갱이 모래에 지나지 않은 것이 되었다.

이 발견 하나로 20세기 천문학의 영웅으로 떠오른 허블은 중학 중퇴 출신인 조수 휴메이슨과 함께 도플러 효과를 이용해 은하들의 거리에 관한

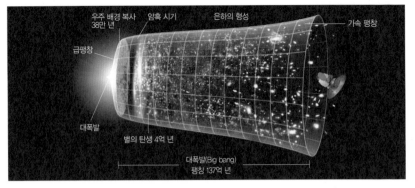

우주 배경 복사 38만 년　암흑 시기　은하의 형성　가속 팽창

급팽창

대폭발

별의 탄생 4억 년

대폭발(Big bang)
팽창 137억 년

▶ 팽창하는 우주. 138억 년 동안 쉬지 않고 팽창했으며, 현재 더욱 빨리 팽창하고 있다. (NASA/WMAP Science Team)

데이터들을 모으는 작업에 매달렸다. 데이터를 수집하기 위해서는 은하들의 스펙트럼 사진을 찍어야 하기 때문에 두 사람은 6년 동안 윌슨 산 꼭대기의 망원경 앞에서 춥고 긴 밤을 지새우지 않으면 안되었다(Q50 참조).

1929년 두 사람이 세상에 내놓은 또 다른 충격적인 발견은 '멀리 있는 은하일수록 더 빠른 속도로 멀어져가고 있다'는 것이었다. 이게 무슨 일인가? 사방의 은하들이 우리로부터 도망가고 있었다. 우리가 무슨 몹쓸 것에 오염되었거나 큰 잘못이라도 저질렀다는 건가? 훗날 어떤 천문학자는 우리은하가 인간이라는 물질로 오염되어서 다른 은하들이 도망가는 거라는 우스갯소리도 했다.

우주의 팽창을 그려보기 위해 빈번히 사용되는 비유로서, 표면에 점을 찍은 후 부풀린 풍선이다. 풍선이 팽창하면 풍선 표면의 어떤 점에서 보더라도 다른 점들은 모두 자신으로부터 멀어져간다. 팽창하는 풍선의 표면에는 중심점이 없다. 마찬가지로 팽창하는 우주에는 중심점도 가장자리도 없다. 내가 있는 곳이 우주의 중심이라 해도 그리 틀린 말은 아닌 셈이다.

허블이 본 은하들은 후퇴하고 있었다. 먼 은하일수록 후퇴속도는 허블

나게 더 빠르다. 그리고 은하의 이동속도를 거리로 나눈 값은 항상 일정하다. 이것이 허블의 법칙이다. 훗날 이 상수는 허블 상수로 불리며, H로 표시된다. 허블 상수는 우주의 팽창속도를 알려주는 지표로서, 이것만 정확히 알아낸다면 우주의 크기와 나이를 구할 수 있다. 그래서 허블 상수는 우주의 로제타 석에 비유되기도 한다. 허블은 그 값을 550km/s/Mpc(1백만pc만큼 떨어진 천체는 1초에 550km의 속도로 멀어진다는 뜻)이라고 구했다. 그것을 적용하면 우주의 나이가 20억 년밖에 안되는 것으로 나온다.

지난 70년 동안 과학자들은 허블 상수의 정확한 값을 놓고 열띤 논쟁을 벌였다. 이를 두고 허블 전쟁이라고까지 했다. 2006년 찬드라 엑스선 관측선의 관측을 기반으로 비례상수가 77(km/s/Mpc) 근처라는 것이 확인되었다. 이 허블 상수의 역수는 약 150억 년인데, 이러한 우주시간 척도는 우주의 나이에 대한 대략적인 측정치일 뿐이다. 지금도 허블 상수는 천문학에서 가장 중요한 상수로 다뤄지고 있다.

허블과 휴메이슨의 발견은 우주가 팽창하고 있음을 명백히 보여주는 것이었다. 이는 20세기 천문학사에서 가장 중요한 발견으로 받아들여졌다. 허블의 제자인 앨런 샌디지는 우주의 팽창을 역사상 가장 놀라운 과학적 발견이라 평가했다. 그러나 당시에는 허블 자신까지 포함해서 이것이 우주의 기원과 연관되어 있으며, 모든 것의 근본을 건드리는 심오한 문제라고 확신하는 사람은 아무도 없었다.

1929년 이 사실이 발표되었을 때 사람들에게 엄청난 충격을 안겨주었다. 이 우주가 지금 이 순간에도 무서운 속도로 팽창하고 있으며, 우리가 발 붙이고 사는 이 세상에 고정되어 있는 거라곤 하나도 없다는 현기증 나는 사실에 사람들은 황망해했다. 최초로 인류가 지구상을 걸어다닌 이래 우리 인간사가 불안정하다는 것을 알고는 있었지만, 20세기에 들어서는 하늘조차도 불안정하다는 사실을 깨닫게 되었던 것이다. 그것은 제행무상諸行無常의 대우주였다.

72 우주의 나이는 어떻게 아나요?

A 대상이 무엇이든 사람은 그 나이를 알고 싶어한다. 골동품이라면 얼마나 오래된 것인가를 묻고, 또래를 만나면 '민증 까보기'부터 한다. 지구와 은하, 우주에 대해서도 마찬가지다. 하지만 이들의 나이를 알아내기란 그리 쉬운 일이 아니다. 과학자들의 숱한 땀과 노력을 요구했다.

지구의 나이는 약 46억 년으로 밝혀졌지만, 지질학자들이 1세기에 가까운 노력을 기울인 끝에 겨우 알아낸 사실이다. 지구의 민증을 까는 데는 방사성 연대측정법을 이용했다. 방사성 원소의 붕괴는 오로지 시간에만 관련될 뿐, 주위의 압력이나 온도 등에는 전혀 영향받지 않고 규칙적으로 붕괴한다. 이들 원소가 붕괴되어 반으로 줄어드는 시간을 반감기라 한다. 탄소-14의 반감기는 6,000년이고, 우라늄 235와 238의 반감기는 각각 7억 400만 년, 44억 7천만 년이다. 이 방법을 이용해 지구의 암석에 들어 있는 방사성 원소의 반감기를 정밀 측정해서 얻은 값이 약 46억 년이다.

우주의 나이는 분명 지구 나이보다는 많을 게 뻔하다. 우주의 나이를 어림하는 데 최초로 사용된 것은 늙은 별들의 집단인 구상성단이다. 구상성단 속에서 가장 늙은 별을 조사해본 결과 120억 년에 근접한다는 사실을 알아냈다. 은하계에 있는 구상성단들의 평균 나이가 이 정도였기 때문에 우주의 나이가 적어도 120억 년보다는 많다는 계산이 나온다. 이에 비해 46억 살 가량인 우리 태양계는 우주에서 한참 어린 신참자라는 사실을 알 수 있다.

천문학자들은 이에 만족하지 않고 다른 도구를 찾아 나섰다. 은하계를 샅샅이 뒤진 끝에 찾아낸 것은 죽은 별의 시체라 할 수 있는 백색왜성이었다. 크기는 지구만 하지만 질량은 태양 정도여서, 각설탕만 한 크기가 1톤에 이를 만큼 놀라운 밀도를 가진 별이다.

▶ 정밀한 우주배경복사 관측으로 우주의 나이가 138억 년이란 걸 알려준 플랑크 위성. (ESA)

백색왜성은 중간 이하의 질량을 지닌 항성이 핵융합을 마치고 적색거성이 된 다음, 외부 대기는 우주공간으로 방출되며 행성상 성운을 만들고, 별의 중심핵만 남은 천체다.

말하자면, 에너지를 생성하는 별로서는 폐업하고 차츰 식어가는 일만 남은 셈인데, 가장 차가운 백색왜성의 표면온도는 수천 도 가량 된다. 이 별의 냉각 시간을 계산해본 결과, 이에 이르는 시간은 110~120억 년으로 추산되었다. 이 역시 구상성단의 나이와 비슷하게 맞아떨어지는 것으로 보아 120억 년을 우주 나이의 기준선으로 설정하게 되었다.

우주 나이에 관한 결정적인 물증은 르메트르의 빅뱅과 허블의 우주팽창에서 나왔다. 우주가 한 원시원자에서 출발해서 오늘까지 팽창을 계속하고 있다면, 이 시간을 영화 필름 돌리듯 거꾸로 돌리면 우주 탄생의 시점에 도달할 수 있을 것이 아닌가! 너무나 간단한 방법이었다. 곧, 우주의 팽창속도를 측정하고, 이 값으로부터 거꾸로 우주의 크기가 0이 될 때까지의 시간을 계산함으로써 우주의 나이를 추론할 수 있게 되는 것이다.

우주의 팽창속도는 허블 상수가 말해준다. 허블 상수는 지구로부터 100만 파섹(326만 광년) 거리당 후퇴속도를 나타낸다. 이 허블 상수를 이용해 우주가 지금의 크기로 팽창하는 데 걸리는 시간을 계산할 수 있는데, 허블 상수의 역수를 취하면 바로 그게 허블 시간(Hubble time)이라고 부르는 우주의 나이다. 허블 상수가 50일 때는 우주 나이가 약 200억 살, 100일 때는 약 100억 살이 나온다.

그런데 문제는 허블 상수를 정하는 게 그리 간단치가 않다는 점이다. 허블이 처음 구한 허블 상수는 500이었다. 이 값을 대입하면 우주 나이가 지구 나이보다 적은 것으로 나온다. 그러나 차츰 정밀한 관측으로 허블 상수가 조정되면서 137억 년이란 우주 나이를 얻게 되었다.

2013년 3월, 유럽우주국의 플랑크 위성이 정밀한 우주배경복사 관측으로부터 얻은 데이터로 구한 허블 상수는 약 67.80km/s/Mpc이었다. 이 값으로 다시 계산하면 우주의 나이는 137.98±0.37억 년으로, 이는 오차가 0.268%에 불과한 정확도를 가진 값이다. 그러니 우리는 간단하게 우주의 나이를 138억 년으로 기억하자.

138억 년이란 얼마나 오랜 시간일까? 우리가 100살을 산다고 칠 때, 이를 초 단위로 나타내면 약 30억 초다. 그러니 138억 년이란 시간은 우리 인간에겐 거의 영겁이라 해도 무방하지 않을까?

73 │ 빅뱅 이전에는 무엇이 있었나요?

A 빅뱅에 대해 얘기할 때 사람들이 가장 궁금하게 여기는 점은 '대체 빅뱅이 왜 일어났나요? 빅뱅 이전에는 무엇이 있었나요?' 하는 것이

다. 과학자들은 이런 질문을 받을 때 가장 골치 아파한다. 머리를 쥐어짠 끝에 궁리해낸 과학자들의 모범답안은 이렇다.

"과학은 '왜'라는 물음에 답하는 것이 아니라 '어떻게'라는 물음에 답하는 학문이다."

요컨대 과학은 빅뱅이 왜 일어났는가에 대한 답을 추구하는 게 아니라, 어떻게 일어났는가를 연구하는 학문이라는 주장이다. 언뜻 맞는 말인 듯도 하지만, 왠지 기름장어 냄새가 나는 듯해 개운치는 않다. 미심쩍어하는 사람들을 위해 따로 준비해둔 답안은 다음과 같다.

"빅뱅과 동시에 시간과 공간이 시작된 만큼 '왜?라는 질문 자체가 성립되지 않는다. 원인을 묻는 것은 시간적 인과관계가 있을 때 가능한 것이지, 그 전이란 게 없는 시간의 출발점에서는 가능하지 않는 것이기 때문이다. 그것은 북극점에서 북쪽이 어디냐고 묻는 것이나 같다. 그래서 빅뱅 이론의 아버지 르메트르는 '어제 없는 오늘(the day without yesterday)'이라 했다."

〈최초의 3분간〉을 쓴 노벨상 수상 물리학자 스티븐 와인버그는 이 태초에 대해 이와 비슷한 견해를 내놓았다. "시초가 있었다는 것, 그리고 시간 자체가 그 순간 이전에는 아무런 의미를 갖지 않는다는 것은 논리적으로 가능하다. 절대온도 −273.16도 이하의 온도가 아무런 의미를 갖지 못하는 것과 같은 이치다. 우리는 무열無熱보다 더 적은 열을 가질 수는 없다. 같은 이치로, 우리는 절대영시, 즉 그 이전에는 원리적으로 어떤 인과의 연쇄도 추적할 수 없는 과거의 한 순간이란 개념에 익숙해져야 할지도 모른다."

그런데 이런 개념을 벌써 1,500년 전에 생각한 사람이 있었다. 초기 기독교 철학자인 성 아우구스티누스가 한 신자로부터 "하나님은 천지창조 이전에는 무엇을 하셨습니까?" 하는 질문을 받고는 이렇게 대답했다. "천지가 창조됨으로써 비로소 시간이 시작되었기 때문에 그 전이란 말은 의미가 없는 것이다."

어떤 이들은 "너 같은 그런 질문을 하는 사람들을 잡아다 넣을 지옥을 만들고 계셨다"라고 쏘아붙였다는데, 이건 사실이 아닌 것 같다. 자꾸 골치 아픈 질문을 하는 말 많은 신자들의 입에 재갈을 물리고 싶은 불량 성직자들이 꾸며낸 말인 것으로 보인다.

빅뱅이 왜 일어났는가 하는 질문에 대해 보다 친절한 답안을 양자론 입장에서 작성한 사람은 미국의 물리학자인 알렉산더 빌렌킨이다. 1982년에 발표된 '우주는 이와 같은 '무'에서 탄생했다'는 이론에 의하면 우주의 시작은 다음과 같다.

우주는 에너지가 무한대의 밀도로 응축된 초고온의 극미점極微點, 곧 특이점에서 시작되었다. 그 특이점 역시 '무無'에서 나타났다고 과학자들은 말한다. 그러니까 우주가 무에서 생겨났다는 것이다. 만약 '무'가 아니라면, 그 아닌 것의 기원이 또 따라나오므로, 우주는 숙명적으로 무에서 시작될 수밖에 없다는 것이다.

그런데 극미의 세계를 지배하는 법칙은 양자론인데, 양자론에서 볼 때 '무'의 상태란 있을 수가 없다. 아무리 빈 공간이라 하더라도 거기에는 불확정성 원리에 따른 양자요동, 곧 가상입자들이 끊임없이 쌍생성과 쌍소멸을 하는 들끓는 마당이다. 실제로 진공 속에 금속판 2장을 마주 보게 두면 진공 에너지를 검출할 수 있다. 이것이 카시미르 효과라는 현상이다. 또 극미세계에서는 매우 짧은 시간에 입자가 확률적으로 에너지 벽을 뚫을 수 있는데, 이를 터널 효과라 한다.

'무에서 우주가 생겨났다'고 주장하는 스티븐 호킹과 빌렌킨에 의하면, 유한한 우주가 시간과 공간, 에너지도 0인 '무'의 상태에서 이 터널 효과로 에너지의 벽을 뚫고서 돌연 태어났다고 한다. 따라서 빅뱅은 왜 일어났는가 하는 질문에 대해 현재까지 작성된 모범답안은 다음과 같다.

"빅뱅은 무에서 양자요동과 터널 효과에 의해 돌연 일어났다. 빅뱅은 모든 것의 기원이므로 그 이전의 과거 따위는 없다. 즉, 우주가 시작된 방법을 파악할 '원인'이란 건 존재하지 않는다. 인과가 없이 일어난 것이 바로 빅뱅이다."

지금으로서는 일단 이 정도로 만족해야 할 것 같다. 어차피 부분이 전체를 알 수는 없는 거니까.

74 빅뱅 직후에는 무슨 일이 일어났나요?

A 흔히 사람들은 빅뱅이 어떤 특정 장소에서 일어난 거라고 생각하기 쉬운데, 바로 내가 있는 이 장소가 빅뱅 현장이다. 최초에 극미한 공간이 지금의 우주로 팽창되었으니까 당연히 그럴 수밖에 없다.

빅뱅 직후 갓 태어난 우주는 약 10^{-33}cm밖에 안되는 아주 작은 우주였을 거라고 과학자들은 생각한다. 그러나 그 속에는 무한대의 진공 에너지로 가득 차 있어, 그야말로 격동의 현장이었을 것이다. 빅뱅 직후 우주의 역사에 대해서는 자세한 그림이 나와 있지만, 대강의 줄거리만을 알아보도록 하자.

우주의 나이 10^{43}~10^{35}초일 때, 당시 우주의 온도는 원자핵도 존재할 수 없는 10^{27}도로, 빛과 입자의 원료들이 뒤섞인 형태의 에너지만이 존재한다. 물리학의 4가지 기본 힘인 중력, 전자기력, 약력, 강력 중에서 중력을 제외한 나머지 3가지 힘은 이 시기에 대통일력으로 통합되어 존재했을 것으로 보며, 이 시간을 대통일 이론 시대라고 부른다.

우주 나이 $10^{35} \sim 10^{32}$초는 인플레이션, 곧 급팽창이 일어난 시기다. 이 시기에 우주는 짧은 시간에 지름이 10^{43}배, 부피로는 10^{129}배 늘어난 엄청난 팽창을 겪는다. 이러한 급팽창은 우주의 에너지가 상태를 바꾸는 일종의 상전이 현상(수증기가 물로 바뀌는 것처럼 물질의 성질이 바뀌는 현상)을 겪는 과정에 강력이 대통일력에서 분리되면서 시작되었을 것으로 추정된다.

이후 우주는 극미한 시간 사이에 빅뱅의 무한대에 가까운 에너지가 아인슈타인의 물질 – 에너지 등가 방정식 $E = mc^2$에 따라 쿼크, 강입자, 중성자, 양성자(수소 원자핵), 입자와 반입자들을 탄생시켰고, 우주 나이 1초~3분 사이에 핵합성이 이루어졌다. 이때 우주의 온도는 100억~1억 도 정도까지 낮아진 상태로, 양성자 간의 결합작용, 즉 수소 핵융합 반응이 일어나는 환경이다. 그 결과로 전 우주에서 많은 헬륨이 생성되었다. 우주공간을 채운 수소와 헬륨의 원자 수 비율은 9:1, 질량 대비로는 3:1인데, 이는 1948년 빅뱅의 우주배경복사를 예견한 조지 가모프가 예측했던 것과 거의 일치하는 값이다.

어쨌든 빅뱅 직후의 우주는 수소와 약간의 헬륨으로 가득 찬 공간으로, 이 수소가 별을 만들고, 별 속에서 철까지의 원소들이 합성되었으며, 그보다 무거운 중원소들은 모두 초신성 폭발에서 벼려졌다. 그리하여 오늘날 우리은하를 비롯해 1조 개가 넘는 은하로 대우주를 만들었으며, 한 조그만 행성에서 인류를 탄생시켰고, 그 인류가 어머니 우주를 사색하기에 이른 것이다.

이렇게 보면 우주 삼라만상의 모든 것이 수소의 소동에 다름아니라고 해도 그리 틀린 말은 아닐 것이다. 성서에 보면 하나님이 태초에 말씀(logos)으로 천지를 창조하셨다는 구절이 나온다. 이에 대해 미국 천문학자 할로 섀플리는 '그 말씀이 바로 수소였다'고 재치있게 받았다.

우주의 나이 38만 년에 이르면 획기적인 사건이 하나 일어나는데, 이제껏 입자들에 붙잡혀 움직이지 못하던 빛이 분리되어 방출되기 시작한 것이다. 이때 방출된 빛이 우주의 역사에 해당하는 시간 동안 내달려 지구에 도달했다. 이 빛은 팽창된 우주공간을 오래 주파하는 바람에 매우 큰 적색이동을 겪은 끝에 절대온도 3K의 마이크로파 복사가 되었다. 일찍이 이론적으로 예측된 바 있는 우주배경복사인 것이다.

▶ 빅뱅 이론의 길을 닦은 러시아 출신의 미국 물리학자 조지 가모프.
(phys.colorado.edu)

1965년 미국의 전파 천문학자 아노 펜지어스와 로버트 윌슨은 벨 연구소의 대형 안테나에서 나는 소음을 없애기 위해 노력하던 중 배경복사의 전파를 잡아냈다. 대폭발의 메아리라 불리는 우주배경복사란 특정한 천체가 아니라, 우주공간의 배경을 이루며 모든 방향에서 같은 강도로 들어오는 전파로, 이 초단파 잡음은 절대온도 약 3K에 해당하는 흑체복사 스펙트럼과 일치한다.

우주의 체온은 우주의 크기에 반비례한다. 빅뱅 우주 당시의 높은 온도가 138억 년이 지나는 동안 우주가 팽창함에 따라 계속 떨어져 3K에 이른 것이다. 펜지어스는 자신들의 발견에 열광하는 세상 사람들을 보고 다음과 같은 소감을 남겼다.

"오늘밤 바깥으로 나가 모자를 벗고 당신의 머리 위로 떨어지는 빅뱅의 열기를 한번 느껴보라. 만약 당신이 아주 성능 좋은 FM 라디오를 가지고 있고 방송국에서 멀리 떨어져 있다면 라디오에서 쉬쉬 하는 소리를 들을 수 있을 것이다. 우리가 듣는 그 소리에는 수백억 년 전부터 밀려오고 있는 잠음의 0.5% 정도다. 이미 이런 소리를 들은 사람도 많을 것이다. 때로는 파도 소리 비슷한 그 소리는 우리의 마음을 달래준다."

75 인플레이션 이론이 뭔가요?

A 빅뱅 직후 갓 태어난 우주가 10^{-36}초 동안 지름으로는 10^{43}배, 부피로는 10^{129}배 정도인 엄청난 팽창을 겪었다고 주장하는 우주론을 인플레이션 이론 또는 급팽창 이론이라 한다.

인플레이션 이론에 따르면, 우주의 나이가 $10^{-35} \sim 10^{-32}$초였을 때 급격한 팽창이 일어나 짧은 시간에 무려 지름이 10^{43}배라는 어마무시한 팽창을 일으켰다는 것이다. 여기에는 우주의 어떤 것도 빛보다 빠를 수 없다는 특수 상대성 이론의 제약도 받지 않는다. 왜냐하면, 인플레이션에 의한 우주의 팽창은 공간 속을 움직이는 물체의 운동이 아니라, 공간 자체가 팽창하는 것이기 때문이다.

인플레이션 이론에 의하면, 유일한 힘이었던 초강력이 오늘날 자연계의 기본적인 4가지 힘 – 중력, 전자기력, 강력, 약력으로 분리되면서 거대한 팽창의 동력을 제공했다. 즉, 우주가 처음에는 천천히 커지다가 인플레이션이 일어나 급격하게 팽창한 후 다시 느리게 팽창했다는 이야기다.

1979년 이 이론을 들고 나와 학계의 뜨거운 관심을 받았던 사람은 MIT 물리학 박사인 32살의 앨런 구스라는 신예였다. 그는 입자 물리학을 전공했을 뿐으로, 사실 우주론 전문도 아니었다. 당시 빅뱅 이론이 설명하지 못하고 있는 우주의 평탄성 문제와 지평선 문제를 해결하기 위해 우주학자들이 골머리를 앓고 있었는데, 어느 날 갑자기 앨런 구스는 우주가 태어나자마자 엄청나게 빠른 속도로 팽창했다고 가정하면 이런 수수께끼들을 모두 해결할 수 있다는 사실을 발견했던 것이다.

우주의 평탄성 문제는 미래와 직결된 것으로, 우주가 물질을 얼마나 갖고 있는가에 달려 있다. 우주가 담고 있는 물질의 중력이 팽창력보다 크면 언젠가 우주는 수축하게 되며, 팽창력이 중력보다 더 크면 우주는 영원히 팽창일로를 걷게 된다. 만약 두 힘이 똑같으면 우주는 평탄한 상태를 유지하면서 영원히 팽창한다.

$$\Omega = \frac{우주의\ 밀도}{우주의\ 임계밀도}$$

우주의 팽창을 멈추게 하는 우주의 물질밀도를 임계밀도라 하는데, 현재 알려진 값은 $10^{-29}g/cm^3$이다. 이는 우주공간 $1m^3$당 6개의 수소 원자가 들어 있는 셈으로, 우리가 만들 수 있는 어떤 진공보다도 더 완벽한 진공이다. 참고로 지구 대기 중에는 $1m^3$ 안에 10^{25}개의 원자가 있다.

우주의 평균밀도 Ω(오메가)는 우주의 밀도를 우주의 임계밀도로 나눈 값이다. 우주의 운명은 Ω 값이 1보다 큰지 작은지에 따라 결정되는데, 만일 $\Omega < 1$이면 우주의 밀도는 임계밀도보다 작아서 끝없이 팽창하는 열린 우주가 되고, 반대로 $\Omega > 1$이면 중력이 충분히 커서 우주는 어느 시점에서 팽창을 멈추고 다시 수축하는 닫힌 우주가 되며, $\Omega = 1$일 경우에는 평탄한 상태를 유지하면서 영원히 팽창하는 평탄 우주가 된다. 현재 우리 우주의 Ω값은 1에서 크게 벗어나지 않는 것으로 나와 있다. 이것이 평탄성 문제다.

우주의 지평선 문제는 온 우주가 왜 이렇게 놀라울 정도로 균일한가 하

▶ 인플레이션 이론을 개척한 미국의 이론물리학자 앨런 구스.

는 문제다. 우주는 거대한 규모에서 볼 때, 온 우주에 걸쳐 1/10만 범위의 오차 내에서 고르게 분포하고 있는 등방성을 보여준다. 우주배경복사 역시 우주의 물질이 전 우주에 걸쳐 매우 고르게 분포하고 있음을 말해준다. 이게 참으로 이상야릇한 노릇이라는 것이다.

가시적 우주의 끝에서 끝까지의 거리는 138억 광년×2=276억 광년이다. 이 거리는 우주의 나이 138억 년 동안 빛이 도달할 수 없는 거리다. 우주가 균일해지기 위해서는 우주의 끝에서 끝까지 정보를 교환할 수 있어야 한다. 우주에서 빛보다 빠른 것은 없다. 그런데도 온 우주는 정보를 공유한 듯이 어디나 똑같이 닮은 것은 과연 무엇 때문인가? 이것이 우주의 지평선 문제라는 것이다.

평탄성 문제와 지평선 문제는 인플레이션 이론을 도입하면 한 방에 풀려버릴 수 있다. 인플레이션에 의해 우주의 크기가 빛의 속도보다 더 빠르게 팽창하므로, 인플레이션이 일어날 당시 우주의 지평선 거리는 현재 빛이 도달할 수 없는 거리보다 훨씬 바깥으로 밀려나버린다. 따라서 지금 우리가 보는 우주의 지평선은 인플레이션 당시에는 지평선 거리보다 훨씬 안쪽에 있었으므로 우주의 모습이 닮는 것은 당연한 것이 된다.

다음은 우주의 평탄성 문제다. 우주의 급격한 팽창은 우주를 엄청난 크기로 팽창시킴으로써 우주의 곡률을 거의 0에 접근시킨다. 지구가 공처럼 둥글지만 국소적으로 볼 때는 편평하게 보이는 것과 같은 이치다.

인플레이션 이론의 표준모형에서는 우주가 기하학적으로 평탄함을 예측하고 있다. 이러한 예측은 WMAP 등에 의한 우주 마이크로파 배경의 정밀한 관측 등에서 얻은 은하 분포의 데이터로도 확인할 수 있다.

여담이지만, 인플레이션 이론으로 빅뱅 이론의 난제를 한 방에 해결하고 학계에서 블루칩으로 떠오른 앨런 구스는 그때까지 마땅한 일자리를 잡지 못하고 있었는데, 재미삼아 본 카드점에 '담대하고 긍정적인 길을 가라'는 쾌가 나와 바로 모교 MIT에 전화를 걸었다고 한다. 수화기 저편에서 들려온 목소리는 "아, 구스 박사, 마침 찾고 있었소. 물리학과 교수직을 좀 맡아줄 수 없겠소?"

구스는 지금까지 MIT 교수직에 있으며, 2012년 기초물리학상을 받는 등 수많은 수상 경력을 갖고 있다. 빅뱅 이론의 여러 '하자'들을 인플레이션 이론으로 단숨에 손본 구스는 '인생' 문제에 대해서도 한 해결책을 제시한 바 있다.

"물리학자에게 삶의 목적에 대한 현명한 답을 구하려는 생각은 버려야 한다. 나는 우리의 삶에 목적이 있다고 생각한다. 그러나 그 목적이라는 것은 스스로 만들어가는 것이지, 우주의 창조 의도로부터 유추되는 것은 아니다."

76 우주는 끝이 있을까요?

A 우리가 볼 수 있고 관측할 수 있는 우주에 국한해 생각한다면 우주의 끝은 분명 있다. 138억 년 전에 우주가 태어났으니까, 우리는 빛이 138억 년을 달리는 거리까지만 볼 수 있을 뿐이다. 그것을 우주의 지평선이라고 한다.

일찍이 아리스토텔레스는 무한이 실재하지 않는 것임을 이렇게 명쾌히 증명했다. "무한이라 해도 결국 유한한 것들의 집합일 뿐이다. 그런데 유한한 것들은 아무리 모아봐야 유한하다. 고로, 무한이란 존재하지 않는다."

우리가 체험하는 현실세계의 모든 사물에는 시작과 끝이 있다. 즉, 유한하다는 말이다. 무한이란 상상 속에 존재하는 관념일 뿐이다. 삼라만상을 이루고 있는 우주의 모든 원자의 개수도 10^{81}개로 유한하다.

그렇다면 우주란 과연 어떨까? 우주는 유한하며 끝이 있을까? 우선 우리의 경험칙으로 비추어볼 때 우주에 끝이 있다는 것도 모순이요, 끝이 없다는 것도 모순처럼 보인다. 또한 끝이 없는 상태를 상상하기도 어렵다. 끝이 있다면 그 바깥은 또 무엇이란 말인가?

이 우주라는 시공간이 시작된 것이 약 138억 년 전이라는 계산서는 이미 나와 있다. 138억 년 전 '원시의 알'이 대폭발을 일으켰고, 그것이 팽창을 거듭하여 오늘에 이르고 있다는 이른바 빅뱅 우주론이다. 여기에 딴죽을 거는 과학자들은 거의 없다. 우주의 나이가 138억 년이지만, 초창기에는 빛보다 더욱 빠른 속도로 공간이 팽창했기 때문에 지금 우주의 지름은 약 930억 광년에 이른다.

여기서 당연히 이런 의문이 고개를 든다. 그렇다면 우주도 유한하다는 얘기네. 그렇다. 현대천문학은 우주의 구조에 대해 이렇게 말한다.

"우주는 유한하나 그 경계는 없다."

이게 무슨 뜻인가? 우주의 지름이 930억 광년으로 유한하지만, 그 경계나 끝은 딱히 없다는 뜻이다. 우주는 아무리 가더라도 그 끝에 닿을 수가 없다. 왜? 우주의 시공간은 거대한 스케일로 휘어져 있어 중심이란 것도 없고, 가장자리란 것도 존재하지 않으니까.

이런 얘기를 들으면 누구나 '어찌 그럴 수가?' 하는 의문을 갖지 않을

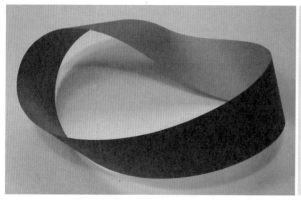
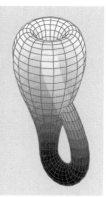

▶ 뫼비우스의 띠(왼쪽)와 클라인 병. 종이 끝을 테이프로 이어붙여 만든 뫼비우스의 띠를 따라 개미가 기어간다면 경계를 넘지 않고도 원래 위치의 반대면에 닿게 된다. 클라인 병은 표현상 몸체를 뚫고 들어가는 것처럼 그려졌지만, 실제로는 자기 자신을 뚫고 들어가지 않는다. (wiki)

수 없다. 현대 우주론자들은 다음과 같이 답한다. 우주는 3차원 공간에 시간 1차원이 더해진 4차원의 시공간으로 휘어져 있어 중심도 경계도 없다. 2차원 구면이 중심이나 경계가 없는 것과 같은 이치다.

뫼비우스 띠만 해도 그렇다. 종이 띠를 한 바퀴 비튼 후 이어붙이면 안과 밖의 구별이 없는 뫼비우스의 띠가 된다. 개미가 뫼비우스의 띠를 따라 표면을 이동하면 경계를 넘지 않고도 반대면에 이를 수 있다. 우주는 3차원의 뫼비우스 띠 같은 구조라는 것이다.

클라인 병은 더 극적인 현상을 보여준다. 1882년 독일 수학자 펠릭스 클라인이 발견한 이 병은 안과 바깥의 구별이 없는 공간을 가진 구조다. 클라인 병을 따라가다 보면 뒷면으로 갈 수 있다. 그러니 안과 밖이 반드시 따로 있다는 것은 우리의 고정관념일 뿐이다. 3차원의 우주는 이런 식으로 휘어져 있다는 얘기다.

이 유한하면서도 끝이 없는 우주는 바로 아인슈타인이 최초로 생각한 우주의 구조다. 그는 무한한 우주가 불가능한 이유로, 중력이 무한대가 되고, 모든 방향에서 쏟아져들어오는 빛의 양도 무한대가 되기 때문이라고 보았다. 그리고 공간의 한 위치에 떠 있는 유한한 우주는 별과 에너지가 우주에서 빠져나가는 것을 막아줄 아무런 것도 없기 때문에 역시 불가능하며, 오로지 '유한하면서 경계가 없는' 우주만이 가능하다고 생각했다.

이러한 아인슈타인의 '유한하나 끝이 없는' 우주에 대해 반론을 펴는 과학자들에 대해 〈뉴욕타임스〉는 이렇게 쏘아붙인 적이 있다. "우주가 어디선가 끝이 있다고 주장하는 과학자들은 우리에게 그 바깥에 무엇이 있는지 알려줄 의무가 있다."

그러나 막스 보른 같은 독일 물리학자는 "유한하지만 경계가 없는 우주의 개념은 지금까지 생각해왔던 세계의 본질에 대한 가장 위대한 아이디어의 하나"라고 극찬했다.

아인슈타인의 일반 상대성 이론에 따르면, 우주에 존재하는 물질이 공간을 휘어지게 만들고, 그래서 우주 전체로 볼 때 우주는 그 자체로 완전히 휘어져 들어오는 닫힌 시스템이다. 따라서 유한하지만, 경계나 끝도 없고, 가장자리나 중심도 따로 없는 구조다. 이것이 바로 깊은 사유 끝에 아인슈타인이 도달한 우주의 모습이다.

이처럼 우주의 시공간은 휘어져 있기 때문에 무한 사정거리의 총을 발사하면 그 총알은 우주를 한 바퀴 돌아 쏜 사람의 뒤통수를 때린다는 것이다. 그 사람이 그때까지 살아 있기만 한다면 말이다. 우주공간이 평탄하게 보이는 것은 3차원의 존재인 우리가 휘어져 있는 4차원 시공간을 감득치 못해서 그렇다는 얘기다.

이처럼 우주는 중심도 가장자리도 없는 4차원 시공간이다. 내가 있는 이

공간이 우주의 중심이래도 틀린 말은 아닌 셈이다. 공간 속의 모든 지점은 동등하다. 신 앞에 모든 것은 공평하다고 하는 것이 바로 이를 두고 한 말인지도 모른다.

우주의 팽창속도가 더 빨라지고 있다고요?

A 그렇다. 우주가 가속팽창하고 있다는 사실을 발견한 두 팀의 과학자들이 모두 2011년 노벨 물리학상을 받기도 했다.

우주는 지금 이 순간에도 쉬지 않고 빛의 속도로 팽창하고 있다. 인류가 우주팽창을 발견한 것은 20세기 초반으로 아직 100년도 채 안된다. 우주속의 모든 은하들은 서로로부터 하염없이 멀어지고 있는 중이다. 마치 싸우고 삐친 아이들처럼.

그렇다면 이 우주는 언제까지 이렇게 팽창을 계속할 것인가? 불과 몇십 년 전까지만 해도 우주 안에 담긴 물질의 중력이 브레이크 역할을 해서 팽창속도가 점차 느려질 것으로 생각했다. 그런데 그게 아니었다. 우주의 팽창속도는 점점 더 빨라지고 있다는 놀라운 사실이 발견되었다. 말하자면 우주는 계속 가속 페달을 밟아대고 있다는 것이다.

그 같은 사실은 어떻게 알게 된 것일까? 지구로부터 아주 멀리 떨어진 1a형 초신성들을 표준촛불로 삼아 관측한 결과 알게 된 사실로, 두 개의 다른 팀이 독립적으로 이 사실을 발견해 2011년 함께 노벨 물리학상을 받았다. 사울 펄뮤터(미국)와 브라이언 P. 슈미트(미국), 애덤 G. 리스(호주/미국) 등 3인이 그 주인공이다. 이들은 지난 1998년께 지구에서 멀리 떨어진 50개 이상의 1a형 초신성을 관찰한 결과, 이들이 폭발하면서 내뿜은 빛이 예상보다 약하다는 사실을 밝혀냈다.

스웨덴 노벨위원회는 이러한 현상이 우주의 팽창속도가 빨라지고 있음을 보여주는 것으로, 천체물리학을 뿌리부터 뒤흔든 놀라운 발견이라고 평가하면서, 이들이 초신성 관찰을 통해 우주의 팽창속도가 점점 더 빨라지는 사실을 규명해 "미지의 대상인 우주의 장막을 걷어내는 데 일조했다"고 선정 이유를 밝혔다.

그렇다면, 왜 우주는 점점 더 빨리 팽창하고 있는가? 무엇이 우주팽창의 가속 페달을 밟고 있다는 건가? 현재 과학자들은 암흑 에너지를 유력한 용의자 선상에 올려놓고 있다. 그러나 암흑 에너지의 정체가 무엇인지는 아무도 모른다. 존재 자체는 의심할 바 없는데, 그 얼굴과 신상 파악은 전혀 안되고 있다는 뜻이다. 그래서 암흑 에너지는 암흑물질과 함께 현대 물리학의 최대 수수께끼이자 화두가 되고 있다. 현재까지 암흑 에너지에 대해 확실히 알려진 것은 우주 전체 질량의 4분의 3을 차지하고 있다는 사실뿐이다.

이들의 발견대로 우주팽창이 이대로 계속 가속되면 우주의 최후는 어떻게 될까? 과학자들은 결국 우주가 하나의 거대한 얼음 무덤으로 끝나게 될 것으로 예상하고 있다.

78 우리 우주 말고 다른 우주도 있나요?

A 우리가 살고 있는 우주 외에도 다른 우주들이 존재한다고 주장하는 사람들이 있다. 그런 우주를 다중우주라 하며, 그런 주장을 다중우주 해석이라 한다. 다른 우주가 존재하지만 우리 우주와는 아무런 인과관

계가 없으며, 관측이나 소통도 전혀 불가능하다고 한다.

얼핏 생각하면 참 황당한 소리로 들리기도 하는데, 우리 우주와 그런 우주들을 통틀어 일컫는 단어조차 아직 제대로 없다. '우리 우주에는 다른 우주들도 있다'는 말 자체가 모순이니까, 일단 모든 우주를 아우르는 말로 '초우주'라 하기로 하자.

다중우주론자들은 우리 우주가 초우주의 일원일 뿐이라고 주장하며, 초우주를 구성하는 다른 우주들은 우리 우주에서 파생되어 나왔다고 보는 게 다중우주 해석이다. 이 같은 다중우주론은 앨런 구스의 인플레이션 이론을 바탕으로 한다. 갓 태어난 우주가 급격한 인플레이션을 겪으면서 엄청난 규모로 팽창되어 현재는 거의 평탄한 우주가 되었다. 이 인플레이션 과정에서 우주 안팎에 각각 다른 물리법칙들이 지배하는 새끼 우주들이 계속 생겨났다는 것이다. 그래서 아들 우주, 손자 우주라고 불린다. 이들 우주들과는 웜홀로 이어져 있다는 주장도 있다.

다중우주 해석에 따르면, 시간과 공간 속의 어떤 지점에서 자발적으로 붕괴되는 우주를 구상하고, 붕괴가 있을 때마다 팽창이 일어나는 것으로 가정한다. 이때의 팽창효과는 크지 않지만, 충분히 긴 시간 동안 꾸준히 지속되면 급팽창한 것과 같은 효과를 낳는다. 따라서 팽창이 영원 지속적이면 대폭발이 수시로 일어나면서 여러 개의 우주가 탄생하게 되고, 다중우주로 나아간다는 것이다. 하나의 우주는 영원하지 않지만, 다중우주의 원리가 계속 적용되어, 일부는 우주밀도 값이 너무 커서 소멸되거나, 혹은 너무 작아 계속 팽창하는 우주도 있다. 하지만 우리 우주는 밀도 값이 거의 1로 평탄한 상태이기 때문에 존재하고 있다는 것이다.

최초로 다중우주 해석을 들고 나온 사람은 1957년 프린스턴 수학과 학생이었던 에버렛 휴였다. 그는 존 휠러를 지도교수로 하여 박사논문 주제로 이 해석을 다루었고, 그의 논문은 〈현대 물리학 리뷰〉에 〈양자역학의 상대상태 공식화〉란 제목으로 게재되었다. 그러나 반응은 신통찮았다.

휴의 다중우주 해석에 따르면, 슈뢰딩거의 고양이는 코펜하겐 해석처럼 삶과 죽음(파동함수)이 중첩된 상태가 아니며, 상자의 뚜껑을 여는 순간 우주는 두 갈래로 갈라지고, 죽은 고양이와 산 고양이가 서로 다른 우주에 동시에 존재한다는 것이다. 두 상태 사이에 가중치를 둘 수는 없다고 주장한다. 따라서 일어날 가능성이 조금이라도 있는 사건(양자역학적 확률이 0이 아닌 사건)은 분리된 세계에서는 하나도 빠짐없이 '실현'된다고 본다. 곧, 그 사건이 발생하는 다른 우주가 반드시 존재한다는 것이다.

다중우주론자들은 우주의 지평선 너머에 우리 우주와는 또 다른 우주가 밤하늘 별처럼 셀 수 없을 정도로 존재한다는 가설을 내놓고 있다. 그들은 우리 우주도 하나의 거품 형태로 존재한다고 보며, 그런 거품이 수도 없이 많다는 것이다. 그리고 각각의 우주는 따로 분리되어 있기는 하지만 물리법칙은 엇비슷하다고 가정한다. 우리 우주는 터무니없이 다양한 속성을 갖고 있는 엄청나게 많은 우주 중의 하나에 불과하며, 우리가 살고 있는 특정 우주의 가장 기본적인 속성 중 일부는 그저 우주의 주사위를 무작위로 내던져서 나온 우연의 결과일 뿐이라는 것이 다중우주론의 핵심 개념이다.

휴의 다중우주 해석은 양자역학의 연구가 활발히 이루어지고 있을 무렵, 급팽창 이론과 끈 이론 등 여러 과학적 이론에 접목되어 큰 영향을 미쳤다. 나중에 대중적으로도 널리 알려지게 되었고, 물리학과 철학의 수많은 다세계 가설 중 하나로, 현재는 코펜하겐 해석과 함께 양자역학의 주류 해석들 가운데 하나로 자리잡고 있다.

다세계 해석은 확률적으로 가능한 모든 세계를 인정한다. 따라서 이 논리에 따르면 자연스럽게 다중우주를 긍정할 수 있고, 그 가운데에서도 평

슈뢰딩거의 고양이
– 살았느냐 죽었느냐, 그것이 문제로다

좀 엽기적인 면이 있는 슈뢰딩거 고양이는 슈뢰딩거가 자신이 만든 파동방정식의 해(파동함수)가 확률을 뜻한다고 막스 보른이 주장하자 양자이론의 불완전함을 보이기 위해서 고안한 사고실험으로, 확률파동을 얘기할 때 단골로 등장하는 소재다. 그래서 양자론자들은 이 얘기만 나오면 두드러기 반응을 보인다. 스티븐 호킹 같은

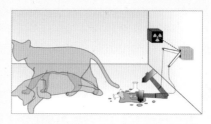

▶ 슈뢰딩거의 고양이. 고양이는 산 상태와 죽은 상태로 포개져 있는가?(wiki)

이는 슈뢰딩거 고양이 얘기를 꺼내는 사람을 보면 총으로 쏴버리고 싶다는 막말까지 했을 정도다.

어쨌든 한 고양이가 상자 속에 갇혀 있다. 이 상자에는 방사성 핵이 들어 있는 기계와 독가스 통이 연결되어 있다. 핵의 붕괴 확률은 한 시간 안에 50%로 해놓는다. 핵이 붕괴하면 독가스가 방출되어 고양이가 죽는다. 이 상자를 한 시간 동안 방치해둔 후, 뚜껑을 열어보기 전에 고양이의 상태를 어떻게 얘기를 할 수 있을까? 양자이론에서는 이때 고양이의 상태를 나타내는 파동함수는 살아 있는 상태를 나타내는 파동함수와 죽어 있는 상태를 나타내는 파동함수의 중첩으로 나타낸다. 다시 말해 고양이는 죽은 상태와 산 상태가 혼합된 상태에 있다는 것이다. 그러나 뚜껑을 열어 고양이의 상태를 확인하는 순간 파동함수는 붕괴되고 고양이는 산 상태나 죽은 상태 중 하나로 확정된다는 것이다.

슈뢰딩거는 이 상황에서 파동함수의 표현이 고양이가 산 상태와 죽은 상태의 중첩으로 나타난다는 주장을 비판하며, '죽었으면서 동시에 살아 있는 고양이'가 현실적으로 존재하지 않는 만큼 양자이론이 불완전하며 중첩은 없다고 주장한다.

양자이론의 대주주인 보어의 논리를 슈뢰딩거의 고양이에게 적용하면, "상자 뚜껑을 열었을 때 만약 고양이가 죽어 있다면, 고양이는 독가스 때문에 죽은 게 아니라 바로 당신의 관측행위 때문에 죽은 것이다"는 얘기가 된다. 곧, 고양이가 어떤 상태에 있는지 알아보기 위해 상자 속을 관측하게 되면, 관측하는 순간 확률함수가 붕괴되어 고양이의 상태는 삶과 죽음이라는 두 상태가 중첩된 상태에서 어느 한

상태로 결정되는데, 관측은 확률상태에 있는 것을 현실로 변환시키는 결정자 역할을 한다는 것이다. 관측에 대해서 보어는 "물리학자는 관측을 통해 자연을 인지한다"는 원론적인 얘기만 했을 뿐이다.

아인슈타인은 슈뢰딩거의 고양이가 양자이론의 불완전함을 드러내주리라 굳게 믿었지만, 그의 믿음은 아무런 보상도 받지 못했다. 양자이론은 슈뢰딩거와의 대결에서도 승리를 거두었다. 덕분에 그의 고양이만 역사상 가장 유명한 고양이가 되었을 뿐이다.

행우주의 개념 또한 포함된다. 다세계 해석에 따르면, 다세계의 모든 존재들은 오직 자신이 속한 세계만을 인식한다. 그렇다면 결국 다세계 해석이 옳은 것이라 하더라도 그 존재를 실제로 확인하는 것은 원리적으로 불가능하다.

그 동안 이 같은 주장으로 다중우주론은 수많은 논란을 불러일으켰으며, 아직까지 순전한 가설의 영역에서 벗어나지 못하고 있다. 이것을 부정적인 시각으로 보는 사람들은, 우리 우주에 어떤 영향도 주지 않으며, 어떠한 소통과 관측도 불가능한 이상, '관측할 수 없는 것이 존재하고 있다'는 것은 논리상 합당하지 않다고 주장한다.

다중우주론자들이 다른 우주의 존재증명을 위해 지금도 우주배경복사에서 우주 충돌의 단서를 열심히 찾고 있는 중이지만 아직까지 증명에 성공했다는 소식은 들려오지 않고 있다. 하지만 칼 세이건의 말마따나 '증거의 부재가 곧 존재의 부재는 아니기' 때문에, 다중우주론이 신의 존재 증명처럼 영원히 증명할 수 없는 가설로 끝날지, 아니면 어떤 단서가 밝혀질지 현재로선 아무도 장담할 수 없다.

A 1933년 우주론 역사상 가장 기이한 내용을 담고 있는 주장이 발표
되었다. 내용인즉슨, "정체불명의 물질이 우주의 대부분을 구성하
고 있다!"는 것으로, 우주 안에는 우리 눈에 보이는 물질보다 몇 배나 더 많
은 암흑물질이 존재한다는 주장이었다. 암흑물질의 존재를 인류에게 최초
로 고한 사람은 스위스 출신 물리학자인 칼텍 교수 프리츠 츠비키
(1898~1974)였다.

츠비키는 머리털자리 은하단에 있는 은하들의 운동을 관측하던 중, 그
은하들이 뉴턴의 중력법칙에 따르지 않고 예상보다 매우 빠른 속도로 움
직이고 있다는 놀라운 사실을 발견했다. 그는 은하단 중심 둘레를 공전하
는 은하들의 속도가 너무 빨라, 눈에 보이는 머리털 은하단 질량의 중력만
으로는 이 은하들의 운동을 붙잡아둘 수 없다고 생각했다. 이런 속도라면
은하들은 대거 튕겨나가고 은하단은 해체돼야 했다. 여기서 츠비키는 하나
의 결론에 도달했다.
개별 은하들의 빠른
운동속도에도 불구하
고 머리털자리 은하단
이 해체되지 않고 현
상태를 유지한다는 것
은 우리 눈에 보이지
않는 암흑물질이 이
은하단을 가득 채우고
있음이 틀림없다. 머

▶ 암흑물질과 암흑 에너지를 추적하는 WMAP 탐사위성. (NASA)

▶ 허블 우주망원경에 잡힌 암흑물질의 꼬리. 심우주의 은하 CI 0024+17 주위로 검은 원형으로 보이는 것이 암흑물질이다. (NASA, ESA)

리털자리 은하단이 현상태를 유지하려면 암흑물질의 양이 보이는 물질량보다 7배나 많아야 한다는 계산도 나왔다.

그러나 이 같은 주장은 워낙 파격적이라 학계에서 간단히 무시되었다. 그로부터 80여 년이 지난 현재, 전세는 대반전되었다. 암흑물질이 우리 우주의 운명을 결정할 거라는데 반기를 드는 학자들은 거의 사라지고 말았다. 결론적으로, 최신 성과가 말해주는 암흑물질의 현황은 다음과 같다.

우주 안에서 우리 눈에 보이는 은하나 별 등의 일반물질은 단 4%에 불과하고, 나머지 96%는 암흑물질과 암흑 에너지다. 그중 암흑물질이 23%이고, 암흑 에너지는 73%를 차지한다. 이것은 어찌 보면 허블의 우주팽창에 버금갈 만한 놀라운 우주의 현황이라 할 수 있다.

암흑물질의 존재를 가장 극적으로 증명한 것은 중력렌즈 현상의 발견이었다. 빛이 중력에 의해 휘어져 진행한다는 것은 아인슈타인의 일반 상대성 이론에 의해 예측되었고, 1919년 영국의 천문학자 아서 에딩턴의 일식 관측으로 증명되었다. 질량이 큰 천체는 주위의 시공간을 구부러지게 해서 빛의 경로를 휘게 함으로써 렌즈와 같은 역할을 하는데, 이를 일컬어 중력렌즈 현상이라 한다. 중력렌즈를 통해 보면, 은하 뒤에 숨어 있는 별이나 은하의 상을 볼 수 있다. 20세기 말 관측 기술이 발달하면서 은하나 은하단에 의한 중력렌즈 효과가 속속 관측되었고, 다시 한번 암흑물질의 존재를 확인시켜주었다.

문제는 암흑물질이 과연 무엇으로 이루어져 있는가 하는 점이다. 이것만 안다면 다음 노벨상은 예약해놓은 거나 마찬가지다. 그래서 많은 학자들이 그 정체 규명에 투신하고 있지만, 아직까지는 뚜렷한 단서를 못 잡고 있다. 암흑물질이 빛은 물론, 어떤 물질과도 거의 상호작용을 하지 않는 만큼 단서를 잡아내기가 쉽지 않기 때문이다.

현재 우주배경복사와 암흑물질 연구에서 선구적 역할을 하는 것은 윌킨슨 초단파 비등방 탐사선(WMAP)이다. 이 위성은 2002년부터 몇 차례에 걸쳐 매우 정밀한 우주배경복사 지도를 작성했다. 우주는 이 가시물질 4%와 암흑물질 22%, 그리고 암흑 에너지 74%라는 비율로 이루어져 있어, 우주의 대부분은 눈에 보이지 않는 미지의 물질로 채워져 있음이 윌킨스 탐사선에 의해 밝혀졌다.

암흑물질은 우주의 생성과정과도 밀접하게 연관되어 있다. 우리가 관측적으로 얻어낸 우주의 은하 분포는 암흑물질이 없이는 가능하지 않다는 것이 현대 우주론의 결론이다. 은하를 만드는 과정에서 암흑물질이 중력으로 거대구조를 미리 만들지 않았다면, 현재와 같은 은하의 분포를 보일 수 없다는 것이다. 앞으로 우주의 운명은 팽창-수축 여부를 결정할 암흑물질과 암흑 에너지에 의해 결정될 거라는 게 과학자들의 생각이다. 두 '암흑'이 현대천문학 최대의 화두인 것이다.

A WMAP 위성이 보내온 관측자료 중에서 과학자들을 가장 경악케 한 것은 암흑 에너지의 존재였다. 우주 안의 모든 질량에서 차지하고 있는 비율이 무려 73%라는 사실 앞에서 그들은 입을 다물지 못했다. 우리가 관측할 수 있는 보통의 물질은 4%에 불과하고, 그나마 이 4%의 대부분은 우주공간에 흩어져 있는 성간 먼지나 기체이다. 지구와 태양 그리고 별과 은하를 구성하고 있는 물질은 전체 에너지의 0.4%에 지나지 않는다. 그리고 96%가 정체를 알 수 없는 암흑물질과 암흑 에너지에 둘러싸여 있는 것이 우리 우주의 현황이라는 것이다.

1990년대에 과학자들은 우주의 팽창속도가 어떻게 변하고 있는지 알아보기 위해 1a형 초신성 관측을 시작했다. 그것은 우주에 암흑물질이 얼마나 존재하는지 알아낼 수 있는 방법이었다. 1998년에 그들의 관측결과가 나왔다. 빅뱅 이후 우주는 급속히 팽창하다가 이후 잠시 팽창속도가 느려지는가 싶더니 다시 팽창속도가 빠르게 증가하고 있음을 발견했다. 그들은 한동안 관측결과를 믿을 수 없었다. 그러나 관측결과를 수없이 재확인해봐도 결과는 마찬가지였다. 우주는 목하 가속팽창을 하고 있는 중인 것이다!

그들이 얻은 결과에 의하면 오늘날 우주는 70억 년 전 우주에 비해 15%나 빨라진 속도로 팽창하고 있다. 그것은 질량에 작용하는 중력보다 더 큰 힘이 은하들을 밀어내고 있음을 뜻한다. 곧, 우주공간 자체가 에너지를 가지고 있다는 것이다. 공간이 가지고 있는 이 에너지는 우리가 지금까지 알고 있던 에너지가 아니었다. 과학자들은 이 에너지를 암흑 에너지라 불렀다. 이 암흑 에너지로 인해 우리는 우주공간이 말 그대로 텅 빈 공간만은 아님을 알게 되었다. 입자와 반입자가 끊임없이 생겨나고 스러지는 역동적인

공간으로, 이것이야말로 우주 공간의 본원적 성질임을 어렴풋이 인식하게 된 것이다.

1915년, 아인슈타인은 훗날 모든 우주론의 초석이 될 일반 상대성 이론을 발표했다. 그때까지 아인슈타인의 우주론은 정적이면서도 무한히 균일한 우주였다. 그러나 그가 얻었던 답은 정적인 우주가 아니라, 팽창하거나 수축하는 동적인 우주였다. 중

▶ 가까운 은하 NGC 4526 부근에서 빛나는 1994D 1a형 초신성(왼쪽 하단의 밝은 점). 우주가 가속팽창하고 있다는 사실을 알려주었다. (NASA)

력은 언제나 인력으로만 작용하므로, 은하와 별들은 결국 하나로 뭉칠 것이고, 우주의 파국은 피할 수 없다는 결론에 이른다. 이것을 받아들일 수 없었던 아인슈타인은 결국 우주를 정적인 상태로 묶어두는 요소를 그의 중력 방정식에 덧붙였다. 곧, 중력을 상쇄하는 척력(밀어내는 힘)을 나타내는 것으로, 이른바 우주상수였다.

그러나 얼마 후 그는 이 생각을 바꿀 수밖에 없었다. 1929년 허블의 우주 팽창설이 발표되었고, 이윽고 우주가 팽창한다는 사실이 대세로 굳어졌기 때문이다. 아인슈타인은 1931년 부인과 함께 허블의 윌슨산 천문대를 방문했다. 거기서 그는 천문대 도서관에서 가진 기자회견에서, 우주가 팽창하고 있다는 사실을 인정하고, 자기가 우주상수를 도입했던 것은 일생일대의 실수라면서 우주상수를 폐기한다고 발표했다. 그러나 그로부터 70년이 지나 아인슈타인의 우주상수는 암흑 에너지를 업고, 우주의 신비를 풀

어줄 키워드로 다시 주목받기 시작한 것이다.

과연 아인슈타인은 우주의 선지자였을까? 과학계 일각에서는 "천재의 실패는 범인의 성공보다 낫다"는 말이 나오기도 했다.

암흑물질과 암흑 에너지의 존재가 밝혀짐으로써 우리 인류는 우주 물질의 0.4% 위에 까치발을 하고 서서 칠흑같이 검은 우주를 바라보는 미미한 존재임을 더욱 절감하게 되었다.

 81 우주는 어떻게 끝날까요?

A 많은 이론 물리학자들은 우주가 언젠가 종말에 이를 것이며, 그 과정은 이미 시작되었다고 믿고 있다.

우주의 미래는 우주가 물질을 얼마나 갖고 있는가에 달려 있다. 우주가 담고 있는 물질의 중력이 팽창력보다 크면 언젠가 우주는 수축하게 되며, 팽창력이 중력보다 더 크면 우주는 영원히 팽창일로를 걷게 된다. 만약 두 힘이 똑같으면 우주는 평탄한 상태를 유지하면서 영원히 팽창한다.

지금으로서는 우주가 어떻게 끝날 것인지 확실히 알 수는 없지만, 과학자들은 대략 다음과 같은 3개의 시나리오를 뽑아놓고 있다. 이른바 대함몰(big crunch), 대파열(big rip), 대동결(big freeze) 시나리오다.

지금까지 우주론자들이 뽑아놓은 계산서에 따르면 가장 큰 가능성으로, 우주는 결국 스스로 붕괴를 일으켜 완전히 소멸하거나, 우주 팽창속도가 가속됨에 따라 결국엔 은하를 비롯한 천체들과 원자, 아원자 입자 등 모든 물질이 갈가리 찢겨져 종말을 맞을 것이라 한다.

대파열 시나리오에 따르면, 강력해진 암흑 에너지가 우주의 구조를 뒤틀어 처음에는 은하들을 갈가리 찢고, 블랙홀과 행성, 별들을 차례로 찢을 것이다. 이러한 대파열은 우주를 팽창시키는 힘이 은하를 결속시키는 중력보다 더 세질 때 일어나는 파국이다. 우주의 팽창이 나중에 빛의 속도로 빨라지면 물질을 유지시키는 결속력을 와해시켜 대파열로 나

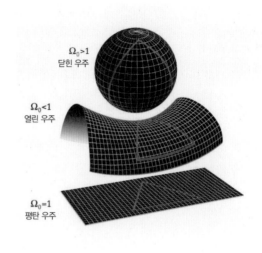

$\Omega_0 > 1$
닫힌 우주

$\Omega_0 < 1$
열린 우주

$\Omega_0 = 1$
평탄 우주

▶ 우주 구조의 세 형태. (NASA/WMAP)

아가게 된다는 것이다. 그 결과 우주는 어떻게 될까? 무엇에도 결합되지 않은 입자들만 캄캄한 우주공간을 떠도는 적막한 무덤이 될 것이라고 보고 있다.

몇 년 전 과학자들은 우주의 팽창속도가 최초로 측정된 110억 년 전에 비해 훨씬 빨라져 롤러코스트를 보는 것 같다는 사실을 발표했다. 영국 포츠머스 대학의 매트 피어 박사는 '초창기 우주는 중력의 작용으로 팽창속도가 느렸지만, 50억 년 전부터 그 속도가 빨라지기 시작했는데, 과학자들은 그것이 암흑 에너지 때문으로 보고 있다'고 설명한다.

요컨대, 지금 우주는 가속팽창을 하고 있다는 얘기다. 이것을 관측적으로 발견한 과학자들에게는 2011년 노벨 물리학상이 돌아갔다.

또 다른 종말 시나리오는 대함몰이다. 이것은 우주가 팽창을 계속하다

가 점점 힘이 부쳐 속도가 떨어질 것이라는 가정에 근거한 것이다. 그러면 어떻게 되는가? 어느 순간 팽창하는 힘보다 중력의 힘 쪽으로 무게의 추가 기울어져 우주는 수축으로 되돌아서게 된다. 수축속도는 시간이 지남에 따라 점점 더 빨라져 은하와 별, 블랙홀들이 충돌하고, 마침내 빅뱅의 한 점이었던 태초의 우주로 대함몰하게 된다는 것이다.

사람의 정신을 온통 빼놓은 이 종말론은 2014년 덴마크의 과학자들이 수학적으로 그 가능성을 증명했다는 주장이 나오기도 했다. 이 폭력적인 과정은 물리학에서 상전이(phase transition)라 일컫는 것으로, 예컨대 물이 가열되다가 어떤 온도에 이르면 기체인 수증기가 되는 현상 같은 것이다.

마지막 시나리오는 열사망으로도 불리는 대동결이다. 이것이 현대 물리학적 지식으로 볼 때 가장 가능성 높은 우주 임종의 모습이다. 대동결설에 따르면, 우주팽창에 따라 물질이 서서히 복사하여 소멸의 길을 걷게 되는데, 별들은 차츰 빛을 잃어 희미하게 깜빡이다가 하나둘씩 스러지고, 우주는 정전된 아파트촌처럼 적막한 암흑 속으로 빠져든다. 약 1조 년 후면 블랙홀과 은하 등 우주의 모든 물질이 사라지게 된다. 심지어 원자까지도 붕괴를 피할 길이 없다. 그러면 어떠한 에너지나 운동도 존재하지 않게 되어 우주는 하나의 완벽한 무덤이 되는 것이다. 이것을 열사망이라 한다.

과연 우주가 어떤 경로로 그 종말을 맞을지는 앞으로 과학이 밝혀내야 할 큰 과제다. [유튜브 검색어 ▶ Three Ways to Destroy the Universe]

우주를 열망한다면
우주로 이끄는 모든 것을 사랑하라

우주여행과
외계인

공짜 점심은 없다고 한다.
하지만 우주는 완전 공짜 점심이다.

앨런 구스 • 미국의 우주학자

중력의 정체는 대체 뭔가요?

A 중력重力이란 질량을 가진 두 물체 사이에 작용하는 힘이다. 현재 알려진 자연계의 네 가지 힘 중 가장 약하며, 유일하게 끌어당기는 힘, 곧 인력引力만이 작용한다.

손에 들었던 물건을 놓으면 곧장 아래로 떨어진다. 바로 지구의 중력 때문이다. 자연계에 있는 4가지 힘인 중력, 전자기력, 강력(강한 상호작용), 약력(약한 상호작용) 중 중력이 가장 약하다. 4가지 힘의 크기를 비교하면 강력 〉전자기력 〉약력 〉중력 순서인데, 중력을 1로 해서 숫자로 나타내보면, 강력(10^{38}) 〉전자기력(10^{36}) 〉약력(10^{25}) 〉중력(10^{0}) 순이다. 10^{0}은 1이다.

강력과 약력은 원자 내에서만 존재하는 힘으로, 중력이 지름 1cm의 살구만 하다면 강력은 이 우주보다도 더 크다. 어마무시한 차이라는 점만 기억해두도록 하자.

조그만 말굽자석 하나가 대못을 매달고 있는 것은 지구의 중력을 이기고 있다는 증거이다. 이처럼 중력이 자연계의 4가지 힘 중에서 가장 약하지만, 그래도 당신이 낙상한다면 골반뼈나 손목뼈를 부러뜨릴 만큼 강하다는 사실을 알아야 한다.

중력은 또한 전자기력과는 달리 어떠한 조작으로라도 상쇄하거나 차단할 수가 없는 힘이다. 중력 차단에 성공한 예는 아직까지 없다. 그러므로 공중부양을 한다고 흰소리하는 사람은 100% 사기꾼이라고 보면 틀림없다. 실제로 이런 초능력을 과학적으로 증명하면 백만 달러를 주겠다는 '백만 달러 파라노말 챌린지(One Million Dollar Paranormal Challenge)'가 있지만, 공중부양이든 염력이든 빙의 등의 초능력으로 상금을 탄 사람은 아직까지 한 명도 없다. 1천여 명이 도전했지만 모두 실패했다.

▶ 중력의 법칙을 만들어 우주의 얼개를 밝힌 아이작 뉴턴. 인류 최고의 천재라는 데 이견이 없다. 그의 묘비에도 '그보다 더 똑똑한 사람은 없다'는 문장이 새겨져 있다. (wiki)

중력의 또 다른 특징은 인력만으로 작용한다는 점이며, 이 우주에 가장 보편적 힘으로 천체들을 운행하고 있다는 사실이다. 그런데 이 중력이 공간을 통해 어떻게 작용하는지는 아직도 오리무중이다.

아이작 뉴턴은 1687년에 나온 〈프린키피아〉에서 모든 물체와 물체 사이에는 그 두 물체의 질량의 곱에 비례하고 거리의 제곱에 반비례하는 힘, 즉 만유인력이 작용하며, 다음과 같은 중력 이론을 제시했다. 이른바 역제곱의 법칙으로, 중력뿐 아니라 공간에서 빛의 전파를 지배하는 수학적 관계식이기도 하다. 질량을 가지는 두 물체 간의 거리가 r일 때, 두 물체 사이에 작용하는 중력의 세기는 다음과 같다.

$$F = G \, \frac{m_1 m_2}{r^2}$$

뉴턴의 중력법칙은 사실 케플러의 행성운동 제3법칙(조화의 법칙)을 일반화시킨 것으로, 천체의 궤도운동과 지표면의 낙하운동을 통합한 통일이론이다. 여기서 G는 중력상수다.

뉴턴의 만유인력의 법칙은 태양계 안의 천체들이 수학적으로 예측 가능한 규칙에 따라 움직인다는 것을 보여준다. 또한 케플러의 행성운동 3대 법칙이 왜 옳은가를 과학적으로 입증해줄 뿐 아니라, 천문학자들로 하여금 이 방정식을 사용하여 태양이나 행성 같은 천체들의 질량을 계산하고 로

켓을 쏘아올리고 우주선이 달이나 화성 궤도를 돌게 해준다. 에드먼드 핼리는 이 법칙을 이용해 핼리 혜성의 궤도를 알아내고 그 주기가 76년임을 예측했다.

뉴턴의 중력법칙은 이로써 천문학의 든든한 초석이 되었고, 천문학이 점성술에서 완전히 벗어나게 한 결정적인 이정표가 되었다. 우주에서 물체는 뉴턴의 중력법칙에 따라 자신의 궤도를 유지하며, 행성은 항성을 돌고, 항성은 은하계 중심을 돌고, 은하는 성단의 질량중심을 돌고, 성단은 초은하단을 돈다. 아인슈타인은 뉴턴의 업적을 기려 다음과 같은 찬사를 바쳤다.

우리에게 영감을 주는 별들을 바라보라.
절대자의 생각이 느껴지는가?
모든 것들은 뉴턴의 수학을 따라
그들의 길을 말없이 가고 있구나.

그런데 문제는 중력이 두 물체 사이의 공간을 통해 원격작용한다는 대목인데, 일부에서는 이것을 '유령' 같은 이론이라면서 반대하기도 했다. 사과를 땅으로 떨어지게 하는 힘이나, 달이 지구를 돌게 하는 힘이 다 같은 중력이라고 뉴턴이 밝혀냈지만, 그 힘이 어떻게 전해지는지는 천하의 뉴턴도 알 수 없었다.

리모컨은 전자기파를 매개로 하여 작동하지만, 중력에는 그런 매개체가 여태 발견되지 않고 있는 것이다. 뉴턴 역시 중력의 본질을 밝히지는 못했던 것이다. 말하자면 뉴턴은 중력 방정식이라는 사용 설명서만 작성했을 뿐, 상품 재료에 대해서는 입을 다문 셈이다. 이 점을 의식했던지 뉴턴은 다음 한마디를 남겼다. "나는 가설을 만들지 않는다."

83 뉴턴의 중력이론과 아인슈타인의 중력이론은 어떻게 다른 가요? - - - - - - - - - - - - - - - - - -

A 뉴턴의 중력이론이 역학이라면, 아인슈타인의 중력이론은 공간의 기하학이라 할 수 있다.

현대에 와서도 중력의 미스터리는 완전히 풀리지 않고 있지만, 이 골치 아픈 중력은 일찍이 고대세계의 최고 천재라는 아리스토텔레스까지 실족 하게 만들었다. 무슨 얘긴고 하면, 아리스토텔레스는 물체의 경중에 따라 중력의 크기가 다르게 작용한다고 큰소리쳤던 것이다. 아무런 실험도 해 보지 않은 채 그냥 직관으로 단정해버린 데 문제가 있었다. 경험으로 볼 때 무거운 물체는 가벼운 물체보다 빨리 떨어지지 않는가. 망치와 깃털을 떨 어뜨릴 때 망치가 더 빨리 떨어진다. 하지만 인간의 감각이란 그렇게 믿을 만한 게 못된다.

어쨌든 지엄한 아리스토텔레스에게 불경스럽게도 '아리스토텔레스는 틀린 얘기만 한다'고 투덜거리면서 2천년 만에 도전장을 내민 사람이 있었 다. 바로 17세기 갈릴레오 갈릴레이(1564~1642)였다. 갈릴레오가 피사의 사 탑에서 무거운 물체와 가벼운 물체를 떨어뜨려 두 물체가 동시에 떨어진 다는 것을 증명했다는 얘기는 갈릴레오 전기를 쓴 제자 비비아니의 창작 일 확률이 높다는 것이 대체적인 시각이다. 원래 글쟁이들은 거짓말을 곧 잘 하는 버릇이 있다. 제 입맛에 맞을 때 특히 그렇다.

그런데 갈릴레오가 물체의 낙하실험을 했다는 것은 사실이다. 단, 피사 의 사탑에서 한 게 아니라, 집에서 여러 각도의 경사로를 만들어놓고 그 위에 무게가 다른 공들을 굴렸다. 경사로를 수직으로 세우면 자유낙하가 된다. 수없이 공을 굴려본 결과, 경사로 각도가 어떻든, 무거운 공이든 가벼운 공이든 같은 속도로 굴러떨어진다는 것을 확인했다. 그는 또한 〈새로운 두 과학에 대한 대화〉라는 책에서 무거운 물체가 가벼운 물체보다 빨리 떨어진다는 것은 논리적으로 모순이라

▶ 블랙홀 충돌로 발생한 중력파 상상도. 13억 광년 떨어진 거리에 있는 두 개의 블랙홀이 서로의 둘레를 돌다가 마침내 충돌, 합병했을 때 발생된 것이다. (LIGO)

는 것을 설명하기도 했다. 후에 뉴턴이 이를 수학적으로 증명했다.

중력은 공평하게도 먼지든 바윗덩이든 간에 모든 물체에 같은 크기로 작용한다. 다만 공기 저항이라는 요소만 제거한다면 우리는 눈으로도 그것을 확인할 수도 있다. 현대에 와서 우리는 그 실험을 직접 눈으로 볼 수 있었다. 공기가 없는 달에서 낙체실험이 이루어졌던 것이다.

1971년 아폴로 15호의 우주인이었던 데이비드 스콧은 우주선에 실어갔던 망치와 깃털을 달 표면 위에서 떨어뜨리는 실험을 했다. 전 세계 시청자들이 TV로 지켜보는 가운데 그는 어깨 높이에서 망치와 깃털을 떨어뜨렸고, 두 물체는 동시에 달 표면에 떨어졌다. 그러자 스콧이 지구인들을 향해 외쳤다. "갈릴레오가 옳았습니다!"

현대에 와서 뉴턴의 중력법칙은 아인슈타인의 일반 상대성 이론에 의해 크게 수정되었다. 중력과 가속도는 본질적으로 동일한 것이라고 생각한 아인슈타인은 중력은 원격으로 작용하는 게 아니라, 물질로 인해 휘어진 시공간의 비탈을 굴러떨어지는 현상이라고 정의했다. 뉴턴의 중력을 시공간

우주의 주차장 '라그랑주 점' 아세요?
– 제임스 웹 망원경도 여기에 '주차'한다

라그랑주 점이란 한마디로 서로 중력으로 묶여 운동하는 천체들 간의 중력이 균형을 이루어 중력이 0이 되는 지점을 일컫는다. 예컨대 태양–지구 체제의 라그랑주 점은 태양과 지구를 잇는 직선상의 3점과, 또 두 천체와 정삼각형을 이루는 2점에서 중력이 0이 된다.

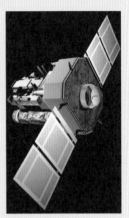

라그랑주 점은 18세기 프랑스 수학자 조제프루이 라그랑주가 삼체문제를 풀다가 발견했다. 라그랑주는 세 물체 가운데 하나가 다른 두 물체보다 매우 가벼울 때, 이 가벼운 물체가 어떤 궤도를 지니는지 계산했고, 이를 통해 특정한 점에서는 이 가벼운 제3의 물체가 다른 두 물체에 대하여 상대적으로 정지해 있는 궤도를 그린다는 사실을 발견했다. 이처럼 제3천체는 라그랑주의 특수해 중 삼각형을 이루는 2점에 있을 때 매우 안정적임에 비해 직선상의 3점은 역학적으로 다소 불안정한 점이라는 것이 밝혀졌다.

▶ L1에 머물고 있는 소호(SOHO) 태양관측 위성. (NASA)

행성이나 별과 같은 큰 천체들의 주위에는 5개의 라그랑주 점이 형성된다. 태양–지구 시스템에서 보면, 위의 그림에서 보듯이 3개의 라그랑주 점은 두 천체를 잇는 일직선상에 형성되는데, 첫 번째인 L1은 지구로부터 약 160만km인 지점에 찍힌다. 이곳이 바로 두 천체의 중력이 균형을 이루어 상쇄되는 지점으로, 1995년 발사된 태양관측 위성 SOHO와 심우주 기후관측 위성(DSCOVR)이 현재 머물고 있는 장소이다. 말하자면 우주 주차장인 셈이다.

L2는 L1과 마찬가지로 역시 지구로부터 160만km 떨어진 곳에 있지만 태양과는 반대 방향의 지점이다. 이 지점이 지구와 태양, 달의 중력 균형이 이루어져 우주선이 심우주를 관측하는 데 최상의 시야를 확보해 준다. 현재 NASA의 윌킨슨 마이크로파 비등방성 탐색기(WMAP)가 여기에 주차하면서 빅뱅에서 나온 우주배경복사를 탐색하고 있는 중이다. 허블 우주망원경 후임으로 임무 교대할 제임스 웹 우주망원경도 이 자리에 머물 예정이다. 제3의 라그랑주 점인 L3은 지구에서 볼 때 태양 뒤쪽에 있다.

의 기하학으로 바꾸어버린 셈이다. 일반 상대론에서는 중력을 시공의 곡률로 인한 현상으로 간주한다. 약한 중력장의 경우, 일반 상대론은 뉴턴의 중력이론으로 수렴한다. 뉴턴의 중력법칙은 근사적으로만 맞다는 뜻이다.

중력 미스터리는 아직까지 건재하다. 아인슈타인은 중력을 매개하는 중력자와 중력파를 예측했는데, 2015년 미국 워싱턴주와 루이지애나주에 설치된 레이저 간섭계 중력파 관측소(LIGO)에서 마침내 중력파를 잡는 데 성공했다. 이때 검출된 중력파는 13억 광년 떨어진 거리에 있는 두 개의 블랙홀이 서로의 둘레를 돌다가 마침내 충돌, 합병했을 때 발생된 것이다. 아인슈타인이 일반 상대성 이론에서 시공간의 주름인 중력파가 있을 거라고 예언한 지 꼭 100년 만에 중력파를 발견하게 된 희한한 우연이었다. 이제 남은 건 중력을 매개한다는 중력자 발견뿐이다.

중력이 전해지는 속도는 빛의 속도와 동일하다는 것이 실험 결과 밝혀져 있다. 이는 아인슈타인의 일반 상대성 이론에서 예언되어 있으며, 이론적인 값과 실험결과는 고작 1%의 차이가 있을까말까다. 2012년, 중국의 한 연구팀은 보름달과 초승달이 뜨는 시기 중력의 속도가 빛의 속도와 같다는 것을 증명해주는 것처럼 보이는 지각 조석의 위상지연을 측정했다고 발표했다.

중력의 속도가 광속과 같으므로 만약 태양이 갑자기 사라지더라도 지구는 8분 동안은 궤도를 선회할 것이며, 빛 또한 8분 동안 지구가 궤도를 움직인 거리만큼 이동한다는 뜻이다. 물체가 땅으로 떨어지는 이 단순한 현상 하나에도 이 같은 심오한 자연의 비밀이 숨어 있는 것을 보면, 세계에서 신비롭지 않은 것은 하나도 없는 것 같다.

84 엔트로피가 극대화되면 우주의 종말이 오나요?

A 먼저 엔트로피가 무엇인가 하면, 어떤 체계를 구성하는 원자의 무질서한 정도를 나타내는 무질서도를 뜻하며, 이 무질서도는 비가역적으로 항상 증가하는 방향으로만 흐른다. 이것을 정식화한 것이 바로 엔트로피 증가의 법칙으로, 열역학 제2법칙이라 한다.

열역학 제1법칙은 에너지 보존의 법칙으로, 우주에 존재하는 에너지 총량은 일정하며 절대 변하지 않는다는 것이다. 독립된 한 계에서도 마찬가지다.

이로써 보면 엔트로피는 열(heat)에 관련된 법칙임을 알 수 있다. 그런데 열이 에너지의 일종이라는 사실이 밝혀진 것도 200년이 채 되지 않았다. 그전에는 열은 더운 곳에서 찬 곳으로 흐르는, 눈에 보이지 않는 유체인 열소로 이루어졌다고 생각했다. 현대에 와서는 열은 일반적으로 온도의 차이로 인해 전달되는 에너지의 형태나 저항에 의해 생성되는 에너지의 형태로 정의된다.

그런데 이 열이 가진 가장 중요하고도 흥미로운 특성은 언제나 높은 온도에서 낮은 온도 쪽으로만 흐른다는 것이다. 저절로 그 반대쪽으로 흐르는 일은 결코 없다. 이 비가역성이 바로 시간이 뒤로 흐를 수 없고, 우주가 종말을 맞을 수밖에 없는 이유다.

열 흐름의 비가역성으로 인해 엔트로피는 항상 증가한다. 고립계가 아닌 계의 엔트로피가 감소하는 경우도 있긴 하다. 예컨대 에어컨은 방안 공기를 차갑게 해주어서 공기의 엔트로피를 감소시킨다. 하지만 에어컨이 작동함에 따라 흡수되는 열은 더 많은 양의 엔트로피를 생성한다. 따라서 전체 계의 총 엔트로피는 어김없이 증가한다. 이처럼 엔트로피는 무질서 정도에 대한 척도이므로, 우주는 결국 보다 무질서한 상태를 향해 줄기차게 가고 있다고 볼 수 있다.

인간이 자연에서 얻는 에너지는 언제나 물질계의 엔트로피가 증가하는 방향으로 일어나는데, 우주의 전체 에너지 양은 일정하고 우주를 원자의 집합으로 볼 때, 그 질서정연한 배열이 해체되어 점차로 확산, 평균화되는 방향으로 가는 것을 엔트로피 증가의 법칙이라 한다.

▶ 엔트로피의 법칙을 처음 정식화한 독일 물리학자 루돌프 클라우지우스. (wiki)

시간의 화살이 왜 앞으로만 흐르느냐는 오랜 질문에 대한 답은 바로 엔트로피의 법칙이 말해주고 있다. 열역학 제2법칙은 그래서 모든 자연의 자발적 방향성을 나타내는 자연계 최고의 법칙이라 할 수 있다.

이 법칙을 처음 정식화한 사람은 1865년 독일 물리학자 루돌프 클라우지우스로, 이 물리량의 변화를 뜻하는 그리스어에서 따와 엔트로피라 이름했다. 클라우지우스가 제안한 엔트로피(S)는 열량(Q)을 절대온도(T)로 나눈 값($S=Q/T$)이다. 열량이란 물체가 가지고 있는 열에너지를 말한다.

이 법칙은 실제로는 통계적인 것으로, 통계역학에서는 어떤 체계를 구성하는 원자의 무질서한 정도를 결정하는 양으로서 주어진다. 엔트로피는 물질계의 열적 상태로부터 정해진 양으로서, 통계역학의 입장에서 보면 열역학적인 확률을 나타내는 양이다. 다시 말하면, 엔트로피 증가의 원리는 분자운동이 낮은 확률의 질서있는 상태로부터 높은 확률의 무질서한 상태로 이동해가는 자연현상이라는 것이다.

자연은 늘 확률이 높은 쪽으로 움직인다. 예를 들면, 마찰에 의해 열이 발생하는 것은 역학적 운동(분자의 질서 있는 운동)이 열운동(무질서한 분자운동)으로 변하는 과정이다. 그 반대의 과정은 무질서에서 질서로 옮겨가는 과정이며, 이것은 결코 자발적으로 일어나지 않는다.

만약 원숭이를 타자기 앞에 앉혀 키를 두드리게 하더라도 〈종의 기원〉이 나올 수는 있다. 그러나 그 확률은 그야말로 0에 가까울 것이다. 자연이 어떻게 움직일까는 너무나 자명하다. 이처럼 어떤 상황이 벌어질 때 경우의 수가 많은 사건이 적은 사건보다 잘 일어나게 된다.

양자역학에 따르면, 파동 방정식에서 한 수소의 전자가 어디에 다시 나타날 것인가를 예측하는 것은 불가능하고, 우리는 다만 그 가능성을 확률로 알 수 있을 뿐이다. 전자는 달의 궤도에서도 나타날 수 있지만, 그 확률이 아주 낮을 따름이다. 그래서 양자론자들은 일찍이 우주는 엄밀한 원인과 결과에 따른 인과율이 지배하는 것이 아니라, 확률이 그 지배자라고 선언했다.

이에 대해 아인슈타인은 '신은 주사위를 던지지 않는다!'고 강력 반발했지만, 양자역학의 대주주 닐스 보어는 '신에게 이래라 저래라 하지 마세요!' 하고 쏘아붙였다. 통계역학에서 볼 때 열이 뜨거운 곳에서 차가운 곳으로 이동하는 것도 확률적이다. 이래저래 엔트로피 법칙은 세계는 확률로 이루어졌다고 주장하는 양자론자의 손을 들어주는 듯하다.

엔트로피도 달리 말하면 세상의 여러 현상들이 확률적으로 마지막 상태에 도달할 수 있는 방법이 많은 정도라고 할 수 있다. 사건은 엔트로피가 큰 쪽으로 일어나게 마련이다. 이런 상태를 우리는 '엔트로피가 크다'고 말한다. 세상을 그대로 두면 무질서도가 증가하는 것과 같은 이치다.

열역학 제1법칙이 우주가 일을 할 수 있는 능력은 항상 일정함을 의미하는 데 비해, 열역학 제2법칙은 우주의 엔트로피가 항상 증가하므로, 결국 우주에서 실제로 사용 가능한 에너지가 줄어들고 있음을 뜻한다. 따라서 우주는 궁극적으로 최대 엔트로피 상태, 즉 사용 가능한 에너지가 완전히 고갈되어 더이상 아무런 활동도 일어나지 않는 상태로 갈 것이다. 이는 곧 열평형 상태가 됨을 뜻한다. 말하자면 온 우주의 온도가 같아지는 상태인 '열 죽음(heat death)'으로 우주는 종말을 맞을 것이다.

우리가 매일 라면 물을 끓이는 데 쓰는 열이 바로 자연의 비가역성과 시간의 방향성을 결정하는 결정적인 존재이며, 우리가 삶을 영위해가는 모든 행위가 우주의 무질서도를 높인다는 사실을 엔트로피 증가의 법칙이 말해주고 있는 것이다.

85 빛의 속도로 달리면 시간이 느려진다고요?

A 만약 빛의 속도에 가까운 우주선을 타고 지구를 떠나 우주여행을 한다면, 우주선 속의 시간은 지구의 시간보다 느리게 가는 것을 관측할 수 있다. 시간이란 절대적이 아니며 상대적인 물리량으로, 1905년 아인슈타인이 특수 상대성 이론에서 밝힌 내용이다.

아인슈타인 이전, 뉴턴의 고전역학에서는 시간은 어떤 것에도 영향받지 않으며 우주 어디서든 항상 같은 속도로 흘러가는 절대적인 것으로 상정되었다. 이를 절대시간이라 한다. 그러나 아인슈타인의 특수 상대성 이론에서는 절대시간을 폐기하고 다음과 같이 선언한다. "운동하는 시계의 진행은 느려진다. 운동의 속도가 빛의 빠르기에 가까워질수록 시간지연은 강해지고, 빛의 빠르기에 도달하면 시간은 멈춘다." 즉, 시간은 움직이는 관측자에 따라 달라지는 상대적인 물리량이란 것이다.

▶ 고도 2만km에서 시속 14,000km로 지구 주위를 도는 GPS 위성은 매일 속도에 의해 7ms(밀리초, 1ms=1,000분의 1초)씩 시간이 느려지는 반면, 약한 중력에 의해 45ms 더 빨라진다. 이를 보정해주지 않으면 내비게이션은 무용지물이 된다. (wiki)

1915년에 발표된 아인슈타인의 일반 상대성 이론은 중력에 의해서도 시간지연이 일어난다는 사실을 밝혔다. 중력이 센 곳일수록 시간은 느리게 흘러간다. 이 이론이 없었다면 우리가 쓰는 내비게이션은 존재하지도 못했을 것이다.

내비게이션으로 어떤 곳의 위치를 알기 위해서는 GPS 인공위성의 시계와 지구에 있는 시계가 정확히 일치해야 한다. 위성은 지표면 위 2만km 높이에서 시속 14,000km 속도로 지구 주위를 돈다. 계산에 의하면 위성에서는 속도에 의해 매일 7ms(밀리초, 1ms=1,000분의 1초)씩 시간이 느려지는 반면, 약한 중력에 의해 45ms 더 빨라진다.

따라서 특수 상대성 이론과 일반 상대성 이론 두 효과를 같이 고려하면, 결국 위성의 원자시계는 지표면보다 38ms 빨리 가고, 한 달에 1초 이상의 오차가 생긴다. 이것을 시속 100km 속도로 움직이는 자동차에 적용하면 원래 위치에서 30m쯤 거리를 벗어나게 된다. 이 시간차를 보정해주지 않으면 내비게이션은 무용지물이 된다. 이로써 아인슈타인의 상대성 이론이 당신 삶과 밀접한 관련을 맺고 있음을 알 수 있을 것이다.

시간지연에 대한 가장 극적인 사례를 자연에서 찾아볼 수 있는데, 바로 뮤온 입자의 붕괴가 그것이다. 뮤온 입자는 우주를 구성하는 기본입자 중의 하나로서, 우주선宇宙線이 수백 내지 수십 킬로미터 상공에서 대기와 충돌하면서 생성되어 지상으로 쏟아져내린다. 수명이 약 2.2마이크로초(1마이크로초는 1백만분의 1초)인 뮤온은 극히 불안정한 입자로, 전자나 양전자, 중성미자로 붕괴된다. 따라서 광속에 가까운 속도로 운동하는 뮤온이 살아서 움직일 수 있는 거리는 기껏해야 600m 정도라는 계산이 나온다. 그러나 뮤온에게는 놀라운 '반전'이 있다. 바로 속도다.

대기권 상층부에서 발생한 뮤온이 지상에 도달하기 위해서는 최소 200마이크로초의 시간이 걸리기 때문에 이론적으로는 지상에서 뮤온을 발견할 수 없어야 한다. 그러나 이런 예상을 보기 좋게 깨고 지상에 도달하는 뮤온이 쉽게 관측된다. 광속에 가까운 속도로 날아감으로써 발생된 시간지연 때문이다. 말하자면 뮤온 입자는 상대성 이론의 시간지연을 몸소 체험하는 입자라고 할 수 있다. 하지만 뮤온이 제 수명의 100배를 산다는 뜻은 아니다. 뮤온의 입장에서 보면 같은 계에서 시간의 빠르기는 언제나 같으며 다만 자신과 지표 사이의 공간이 줄어든 것이다. 그러나 지상 관측자를 기준으로 보면 광속에 가까운 속도로 날아가는 뮤온의 시간이 느리게 흘러 수명이 늘어난 것으로 관측된다. 이 같은 시간지연이 일어나는 것은 시간이 관측자마다 상대적으로 흐르기 때문이다.

특수 상대성 이론은 기본적으로 두 개의 가정을 전제하는데, 모든 관성계는 동등하다는 원칙과, 진공에서의 빛의 속력은 어느 관성계에서나 일정하다는 광속도 불변의 법칙이다. 첫 번째 가정은 갈릴레오의 상대성 이론으로, 어떤 등속 관성계에서든 물리법칙은 동등하게 적용된다는 뜻이다. 등속으로 달리는 배의 수도꼭지에서 떨어지는 물방울도 수직으로 낙하한다. 이것이 지구가 고속 자전하는데도 우리가 그것을 못 느끼는 이유다.

그러나 빛만은 이런 갈릴레오의 상대성에 제한받지 않는다. 유일한 우주의 기준이다. 예컨대 시속 100km로 달리는 기차에서 진행방향으로 시속 100km로 공을 던졌다고 치자. 그러면 공의 속도는 두 속도의 합으로 주어져 시속 200km가 된다. 그러나 빛은 예외다. 0.5배 광속으로 달리는 로켓에서 전조등을 켜더라도 그 빛의 속도가 1.5배 광속이 되지 않고 여전히 1배 광속이라는 뜻이다. 빛만 그런 게 아니라 광속으로 움직이는 모든 게 그렇다. 즉, 광속 299,792,458m/s는 우주에서 허용되는 최고속도라는 뜻이다. 어떤 것도 이 속도를 초월할 수가 없다. 1g의 물체를 광속으로 가속하는 데 우주의 별을 모두 태워도 안된다. 이것이 광속도 불변의 법칙이다.

이 두 전제를 놓고 시간지연을 생각해보자. 예컨대 등속으로 달리는 달 궤도 우주선의 바닥에 광원을 두고 그 수직되는 천장에 거울을 붙인 다음 빛을 쏘아보자. 우주선 안의 관찰자에게는 빛이 수직의 '직선' 운동으로 보이겠지만, 달 표면의 관찰자에게는 빛의 궤적이 '사선'으로 보인다. 어떤 것도 하나의 진짜 궤적이라고 할 수 없다.

'사선'은 '직선'보다 길다. 빛의 속도는 불변이므로 달 표면의 관찰자가 볼 때, 빛이 '직선' 거리만큼 움직였는데도 천장에 닿지 않은 것으로 보인다. 따라서 우주선 안의 시간은 느리게 간다고 볼 수밖에 없는 것이다. 시간의 동시성은 이로써 깨졌다. 항상 똑같은 시각으로 측정되는 절대적 시간은 존재하지 않는다.

우주선의 속도가 광속에 가까울수록 시간은 더 느리게 흐른다. 이 시간지연의 정도를 피타고라스의 정리를 이용해 구할 수 있다. 달 표면 관찰자가 본 시간 T는 다음과 같이 주어진다.

$T = 1/\sqrt{1 - (v/c)^2}$ (v는 우주선 속도, c는 광속).

우주선 속도가 0이면 시간지연은 없으며, 우주선 속도가 광속이면 분모가 0이 되어 식 자체가 불능에 빠진다. 우주선 속도를 광속의 0.8로 잡고, v=0.8을 대입해 계산하면 T=1.67이 나오고, 이것이 우주선 내의 시간지연 비율이 된다.

86 우주여행을 하면 나이를 늦게 먹나요?

A 시간지연의 예화로 유명한 것이 쌍둥이 역설이다. 머리로 하는 '사고실험'의 고수 아인슈타인이 시간 지연을 설명하기 위해 꾸며낸 얘기다.

쌍둥이 중 동생은 지구에 남고 형은 광속에 가까운 속도의 우주선을 타고 A별로 우주여행을 하고 돌아오는 상황을 가정해보자. 지구에 남아 있는 동생의 입장에서는 광속으로 여행 중인 형의 시간이 느리게 흐르기 때문에 형이 여행을 하고 돌아오면 동생의 나이가 더 많아져 있을 것이다. 그러나 운동은 상대적인 것이므로, 우주선을 타고 있는 형의 입장에서 보면 지구가 광속으로 멀어져가 동생의 시간이 느려지는 것으로 보이게 된다. 이건 분명 역설이다. 왜 이런 일이 벌어지는가? 답은 가속도와 중력은 등가라는 아인슈타인의 일반 상대성 이론에 있었다.

실제로 우주선이 일정한 속도로 비행하는 동안 지구와 우주선은 동등한 관성계에 있으므로 어느 쪽에서 보아도 상대방의 시계가 느려지는 것으로 보인다. 그러나 우주선이 지구에서 출발할 때, 목적지 A별에서 방향을 바꿀 때와 귀환할 때 각각 감속과 가속 단계가 따르고, 이때 모두 중력마당을 형성한다. 일반 상대성 이론에 의하면 중력마당에서 시간은 느리게 흐른다. 따라서 결국 쌍둥이 역설은 성립되지 않고, 지구로 돌아온 형은 자기보다 늙은 동생을 보게 된다.

87 우주선에서 우주를 보면 어떻게 보일까요?

A 머잖아 우주여행사가 생겨 관광객들을 모집할 날이 올 것이다. 그런데 일반인들은 꿈도 꾸지 못할 엄청난 금액이다. 영국의 버진 갤럭틱은 우주에 살짝 나갔다가 돌아오는 2시간짜리 우주여행 상품을 개발 중에 있는데 가격은 약 3억 원이다. 그래도 벌써 예약손님이 700명을 넘어섰다고 한다. 이보다 더 비싼 것은 화성 체험 6억 원 등등이 있다.

대부분의 사람들은 우주에 나가보지도 못하고 생을 마감할 것이다. NASA의 정의에 의하면 우주는 지상 100km 이상의 공간을 뜻한다. 이 공간 바깥으로 나가면 과연 우주가 어떻게 보일까? 상상 속의 우주여행을 떠나보자.

일단 우주공간은 캄캄하다. 달리는 빛을 멈출 것이 아무것도 없기 때문이다. 지구에서 밤하늘을 보는 것이나 크게 다를 바가 없다. 지구 역시 초속 30km로 달리는 우주선이나 마찬가지다. 가장 완벽하고 아름다운 우주선이라고 할 수 있다. 그러나 보이는 별빛이 지구에서 보는 것과는 좀 다를 것이다. 보다 뚜렷하고 금속성을 띤 빛처럼 보일 것이다. 지구 대기를 통하지 않고 진공 속에서 보는 별이기 때문이다.

우주비행사나 탐사선들이 촬영한 천체사진을 보면 대상 천체만 크게 잡혀 있고 배경의 별들은 거의 보이지 않는다. 이는 NASA가 정보 검열을 하기 때문이 아니라 카메라 노출 문제로 빚어지는 현상이다. 밝은 피사체에

노출을 맞추다 보니 뒤
쪽의 어두운 별들은 다
날아가버릴 수밖에 없
다. 아폴로 11호의 달 착
륙을 끈질기게 가짜라
고 주장하는 음모론자

▶ 목성의 위성 유로파에 착륙한 우주선 상상도. (wiki)

들이 내세우고 있는 이유의 하나가 달 표면 사진에 왜 별이 하나도 없는가
하는 것이다. 우리가 책을 읽고 지식을 쌓는 것은 이런 허접한 음모론에 휘
둘리지 않게 하기 위함이다.

우주선의 속도를 높여 빛에 가깝게 가속하면 우주의 풍경은 엄청 달라
지기 시작한다. 사방의 별들이 점차 우주선 앞쪽으로 모이기 시작한다. 우
주선의 옆이나 뒤로 보이던 별들까지 앞쪽으로 다투어 모여든다. 어찌 이
런 일이? 답은 광행차에 있다. 비가 내릴 때 차창에 떨어지는 빗줄기를 보
면 앞쪽에서 나를 행해 비스듬히 내리는 것처럼 보인다. 같은 이치로 광속
에 가까운 속도로 운동하면 옆에서 오는 빛도 비스듬히 앞에서 오는 빛처
럼 보인다. 이런 현상을 광행차라 한다.

만약 우주선이 광속에 가까운 속도로 달린다면 우주선 바로 뒤쪽의 별
들을 빼고 모든 별들이 우주선 정면의 한 점으로 집중해 보이게 될 것이다.
별의 색깔도 달라진다. 파원波源이 가까워지면 파장이 짧아지고, 파원이 멀
어질 때는 파장이 길어지는 도플러 효과에 의해, 앞쪽의 별들은 푸르게 보
이고 뒤쪽의 별들은 붉게 보이게 된다.

우주선이 무한히 광속에 가까워지면 앞쪽에 푸르게 보이던 별들이 마침
내 자외선으로 넘어가 눈앞에서 사라진다. 뒤쪽의 붉게 보이던 별들은 적
외선으로 넘어가 역시 눈에 보이지 않게 된다. 그리고 우주선의 앞쪽에 좌

우로 길게 별들이 좁다랗게 모인 띠를 보게 된다. 띠의 앞부분은 푸르고 뒷부분은 붉은빛으로 보이는데, 이것을 스타보우, 곧 별 무지개라 부른다. 이 정도면 고액을 물지 않고도 웬만큼 우주여행을 한 셈이 아닐까?

88 타임머신으로 시간여행이 가능하나요?

A 타임머신이란 말이 최초로 등장한 것은 1895년 영국의 허버트 조지 웰스가 쓴 〈타임머신〉이라는 소설에서였다. SF 작가이자 문명비평가로 〈세계 문화사 대계〉, 〈우주전쟁〉 등을 쓰기도 한 웰스는 소설에서 공간이동이 아니라 시간이동을 하는 소설적 소도구 타임머신을 가상의 장치로 등장시켰다.

이후 수많은 SF 소설과 영화 등에서 타임머신은 인기품목이 되었지만, 실제로 이것을 타고 과거나 미래로 시간여행을 할 수 있는가는 또 다른 문제다.

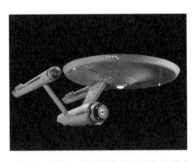

▶ 〈스타 트렉〉에 나온 우주함선 USS 엔터프라이즈 호. 초광속 워프 항법으로 우주를 누비는 걸로 설정되었다. 스미소니언 항공우주박물관에 전시되고 있다. (Dane Penlan)

상대성 이론에 따라 광속에 가까운 속도로 우주여행을 하다가 돌아오면 지구는 이미 수백 년이 흘러, 좁은 행성에서 수백 개의 나라로 갈라져 아웅다웅 다투면서 살던 인류가 세계정부를 만들어 원숙한 정치구조 속에서 평화로운 삶을 누리는 곳이 되었을 수도 있다. 우주선에 탄 사람의 입장에서 본다면 미래를 앞쪽으로 끌어당겨보는 셈이겠지만, 일방통행인 이걸 타임머신이라 하기는 어려울 것이다.

또는 〈스타 트렉Star Trek〉에 나오는 초광속 워프 항법으로 공간을 이동하거나, 웜홀 같은 것을 통해 한순간에 먼 곳으로 가거나 과거로 돌아갈 수 있다고 주장하는 사람들도 있다. 만약 과거로 갈 수 있다고 한다면, 현재 시간에 나와 맞서는 한 악당이 과거로 돌아가 나의 부모도 죽일 수 있다는 건데, 어찌 현재의 내가 존재할 수 있겠는가. 이건 모순이다. 그러므로 타임머신이니 시간여행이니 하는 것은 영화, 소설로나 즐기고 다른 생산적인 데에 눈을 돌리는 것이 훨씬 현명하지 않을까?

89 UFO가 정말 있나요?

A 요즘도 심심찮게 언론에 UFO 출현 뉴스를 접할 수 있다. 흔히 UFO라 하면 외계인들이 타고 다닌다는 비행접시를 연상하게 마련이다. 하지만 UFO는 원래 미확인 비행체(Unidentified Flying Object)라는 뜻이다. 그러니까 우주인의 비행체가 될 수도 있지만, 기상 기구, 행성, 유성, 구름, 미공개 항공기, 로켓, 인공위성 등일 수도 있다.

실제로 금성이 엄청 밝을 때 UFO를 봤다고 신고하는 전화가 빗발친 경우도 있었다. 지금 이 시간에도 전 세계에서 비행접시 출현이 보고되고 있다. 미확인 비행물체는 주로 사진과 목격담으로 보고되며, 외계인과 접촉했다는 주장이 따라붙기도 한다.

그러나 지금까지 엄격한 과학적 검증을 거친 끝에 확인된 외계인 비행체는 단 한 건도 없다. 음모론자들은 미국정부와 NASA가 모종의 목적을

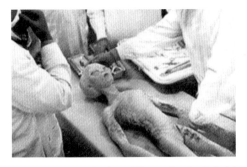

▶ 오늘날 뉴멕시코의 로즈웰은 UFO 추락 음모론에 낚인 많은 사람들이 찾는 관광지가 되고 있다.

위해 외계인 시체를 숨기고 있다고 아직까지 끈질기게 주장하고 있다. 심지어는 UFO를 보았을 뿐만 아니라 동승하기까지 했다면서 그 얘기를 책으로 써낸 사람들도 있다. 그중 한 사람이 미국인 조지 아담스키로, UFO를 타고 금성과 달에도 방문했다면서 〈UFO 동승기〉 등의 책들을 내서 수월찮은 인세와 유명세를 챙기기도 했지만, 임종 때 자기가 한 얘기들은 모두 거짓이라 실토했다고 한다.

외계인 문제로 가장 유명한 얘기가 로즈웰 사건일 것이다. 1947년 7월 미국 뉴멕시코주의 로즈웰에 UFO가 추락해 외계인이 숨졌다는 이른바 로즈웰 사건은 오랜 동안 많은 논란을 불러일으켰지만, 관계기관의 정밀조사 끝에 미공군의 기구 추락사건으로 결론을 내렸다. 하지만 70년 넘게 로즈웰 음모론은 수그러들지 않고 있다.

모든 정황으로 볼 때 로즈웰 사건 역시 흔한 음모론 중 하나일 뿐이며, 이 가짜 뉴스가 끈질기게 확대 재생산되는 이면에는 관심종자 외에도 책 판매와 관광수입을 노리는 일부의 비즈니스가 작동하고 있다는 게 전문가들이 대체적인 시각이다. 로즈웰은 지금도 외계인 얘기에 끌려 찾아오는 관광객들로 톡톡히 재미를 보고 있다고 한다.

외계인 UFO에 대해 물리학자 스티븐 호킹이 한 다음 말만 들어보아도 진실을 알 수 있을 것이다. "UFO 외계인들이 하필이면 괴짜나 기이한 사람들 앞에만 나타날 리는 없는 것 아닌가?"

우리 우주에 외계인이 존재할까요?

A 외계인은 있다. 우주는 너무나 광활한 곳이어서, 이 넓은 우주에서 오로지 한 곳에만 생명이 출현할 확률은 근본적으로 제로에 가깝다. 한 곳에서 생명이 출현했다면 다른 곳에서도 당연히 출현할 수 있었을 것이다. "만약 신이 인간만을 위해 이 우주를 창조했다면 그것은 엄청난 공간의 낭비일 것이다"라고 말한 사람은 천문학자 칼 세이건이었다. 그러나 우리는 너무나 장구한 시간과 광막한 공간으로 격리되어 있어 그들의 존재를 감지할 수 없을 따름이다. 언젠가 만날 것이란 보장도 사실 없다.

외계인들과 언젠가 접촉할 수 있을까? 인류의 메시지를 싣고 지구에서 송출된 라디오파가 우주공간을 여행한 지가 100년이 되었다. 이는 곧 100광년의 거리, 곧 1,000조km를 내달렸다는 얘기다. 그런데 우리은하만해도 지름이 그 1천 배인 10만 광년이나 된다. 라디오파가 우리은하를 가로지르는 데만도 10만 년이 걸린다는 뜻이다. 따라서 외계인이 비록 우리은하 안에 존재하더라도 그 신호를 수신할 가능성은 거의 없다고 하겠다. 정말 우리와 가까운 데 있지 않는 한 말이다. 그 반대의 경우도 마찬가지다. 그러면 우리가 외계 생명체와 만날 확률이 전혀 없다는 건가? 전혀 없다고는 할 수 없다. 하지

▶ 미국 캘리포니아 해트크리크에 있는 SETI 연구소 앨런 전파망원경 배열. 외계 문명을 찾아 20,000개의 적색왜성을 관측하고 있다. (SETI)

"대체 그들은 어디에 있는 거야?"
– 페르미의 역설

'페르미 역설'이란 이탈리아의 천재 물리학자로 노벨상을 받은 엔리코 페르미가 외계문명에 대해 처음 언급한 것이다. 페르미는 1950년 4명의 물리학자들과 식사를 하던 중 우연히 외계인에 대한 얘기를 하게 되었고, 그들은 우주의 나이와 크기에 비추어볼 때 외계인들이 존재할 것이라는 데 의견 일치를 보았다. 그러자 페르미는 그 자리에서 방정식을 계산해 무려 100만 개의 문명이 우주에 존재해야 한다는 계산서를 내놓았다.

▶ 케플러 망원경이 잡은 다양한 외계행성들. 6개의 별 중 하나는 지구 크기의 행성을 가진 것으로 나타났다. (NASA)

그런데 수많은 외계문명이 존재한다면 어째서 인류 앞에 외계인이 나타나지 않았는가 라면서, "대체 그들은 어디 있는 거야?"라는 질문을 던졌는데, 이를 '페르미 역설'이라고 한다.

관측 가능한 우주에만도 수천억 개의 은하들이 존재한다. 또 은하마다 수천억 개의 별들이 있으니, 생명이 서식할 수 있는 행성의 수는 그야말로 수십, 수백조 개가 있을 거란 계산이 금방 나온다. 그런데도 왜 우리는 아직까지 외계인들을 한 번도 본 적이 없는가? 이것이 페르미의 역설이 주장하는 내용이다. 그리고 이 역설은 아직까지 풀리지 않고 있다.

인류는 지난 100년간 놀라운 발전을 이루었다. 그러나 이 기간은 우주의 나이 138억 년에 비하면 그야말로 눈 깜짝할 찰나에 지나지 않는다. 그렇다고 우리가 미래에 다른 별을 방문하는 상상을 할 수 없는 것은 아니다.

우주에는 우리 외에도 다른 문명이 있을 거라는 데 많은 과학자들은 동의하고 있다. 그런데도 우리는 왜 외계인들을 한번도 본 적이 없는가? 그 이유로 항성 간 거리가 너무나 멀기 때문에 어떤 문명도 그만한 거리를 여행할 수 있는 기술을 확보하지 못한 거라고 과학자들은 생각하고 있다.

페르미의 역설은 오로지 한 문제에 그 해답이 달려 있다. 그것은 바로 우리의 기술 수준이다. 우리의 기술이 어디까지 발전해갈 것인가, 어디에서 한계에 부딪힐 것인가에 문제의 해법이 달려 있다. [유튜브 검색어 ▶ The Fermi Paradox II]

만 그럴 경우가 생기더라도 참으로 아주 먼 미래의 일일 것이다.

외계문명을 찾기 위한 인류의 노력은 한 세대 전부터 시작되었다. 1984년부터 미국 캘리포니아에 근거를 두고 시작된 SETI(Search for Extraterrestrial Intelligence)는 먼 우주에서 오는 전파신호를 추적, 외계의 지적 생명체를 찾으려는 프로젝트로, 전파망원경으로 외계문명의 징후를 탐색하고 있다. 과거 한때 NASA의 자금지원을 받은 적도 있으나, 현재는 민간 기부금으로 운영되고 있다. 또한 지난 몇십 년 동안 NASA의 케플러 우주망원경 등으로 외부 행성계를 찾아왔지만 아직 어떠한 생명체나 그 징후도 발견하지 못하고 있다.

91 외계인들이 정말 지구를 침략할까요?

A 외계인의 존재에 대해 말할 때 가장 먼저 짚고 넘어가야 할 문제가 있는데, 바로 우주에서의 '거리' 문제다. 일반 사람들은 별들 사이의 거리가 얼마나 먼지 가늠이 잘 안될 것이다.

피아노 크기의 뉴호라이즌스 호가 10년 동안 날아간 끝에 2015년 7월 명왕성에 도착했다. 뉴호라이즌스가 발사될 때의 탈출속도는 초속 16.26km로, 지금까지 인간이 만들어낸 물체 중 가장 빠르게 지구를 탈출했다. 그리고 가는 길에 목성의 중력도움을 받아서 속도를 초속 23km까지 끌어올렸다. 이로 인해 명왕성으로 가는 시간이 약 3년 단축되었다.

초속 23km는 보통 총알 속도의 23배란 뜻이다. 지구에서 가장 가까운 별이 프록시마 센타우리인데, 4.2광년 거리에 있다. 현재까지 발견된 '제2의 지구' 후보 중 지구에 가장 비슷한 외계행성으로 꼽히는 프록시마 b가

올해 이 항성계에서 발견되어 더욱 유명해진 프록시마 센타우리까지 뉴호라이즌스가 초속 23km의 속도로 날아가더라도 무려 5만 5천 년이 걸린다. 이것이 바로 별과 별 사이의 '거리'다.

만약 외계인이 있어 이 성간 거리를 마음대로 이동할 수 있다고 치자. 그렇다면 그들은 우리가 상상할 수 없는 자원과 에너지를 가지고 있는 선진문명으로 그들의 힘으로 어떤 것이든 해결할 수 있을 텐데 굳이 지구 같은 데에 눈을 돌릴 이유가 있을까? 여기엔 그런 것들이 전혀 없지 않은가. 지구의 물질은 다 어디서 온 것인가? 모두 우주에서 온 것이다. 따라서 외계인이 이 먼 지구까지 와서 침략전쟁을 벌인다는 것은 별로 수지가 맞는 일이 아닐 것이다.

92 외계문명이 존재한다면 얼마나 있을까요?

A 인류가 외계 생명체에 대해 구체적으로 관심을 기울이기 시작한 것은 20세기 후반 들어 미국의 아폴로 시리즈 등으로 본격적인 우주진출에 나선 직후부터였다.

외계문명에 대한 언급으로는 이탈리아의 천재 물리학자인 엔리코 페르미가 제안한 페르미 역설이 유명하다. 우주의 나이와 크기에 비추어볼 때 외계인들이 존재할 것이라는 가정하에 방정식을 만든 결과, 그는 무려 100만 개의 문명이 우주에 존재해야 한다는 계산서를 내놓았다.

페르미의 역설과 밀접한 관계가 있는 방정식이 또 하나 1960년대에 나타났는데, 미국 천문학자 프랭크 드레이크(1930~)가 만든 드레이크 방정식이다. 우주의 크기와 별들의 수에 매혹된 드레이크는 우리은하에 존재하는 별 중 행성을 가지고 있는 별의 수를 어림잡고, 거기서 생명체를 가지고 있는 행성의 비율을 추산한 다음, 다시 생명이 고등생명으로 진화할 수 있는 환경을 가진 행성의 수로 환산하는 식을 만들었다. 그 결과, 우리와 교신할 수 있는 외계의 지성체 수를 계산하는 다음과 같은 방정식이 만들어졌다.

$$N=R^* \times f_p \times n_e \times f_l \times f_i \times f_c \times L^*$$

이 식에 기초해 드레이크 자신이 예측하는 우리은하 내 문명의 수는 약 1만 개에서 수백만 개에 이른다. 드레이크는 이에 그치지 않고, 전파망원경을 이용해 외계로부터의 신호를 찾기 위해 가까이 있는 두 별의 주변에서 오는 신호를 찾는 시도를 한 것이 공식적인 외계 지적생명체탐사, 곧 SETI[**]의 출발점이 되었다.

93 ｜ 태양계를 떠난 탐사선이 있나요?

A 태양계의 울타리를 어디로 잡느냐에 따라 답이 달라진다. 대체로 태양풍이 다른 항성풍의 영향으로 상쇄되는 성간공간을 태양계 외부로 치는데, 이 기준이라면 보이저 1호가 최초로 태양계를 벗어난 탐사선이

---

[*] N은 우리은하 속에서 탐지 가능한 고도문명의 수, R*은 지적 생명이 발달하는 데 적합한 환경을 가진 항성이 태어날 비율, f_p는 그 항성이 행성계를 가질 비율, n_e는 그 행성계가 생명에 적합한 환경의 행성을 가질 비율, f_l은 그 행성에서 생명이 발생할 확률, f_i는 그 생명이 지성의 단계로까지 진화할 확률, f_c는 그 지적 생명체가 다른 천체와 교신할 수 있는 기술문명을 발달시킬 확률, L은 그러한 문명이 탐사 가능한 상태로 존재하는 시간.

[**] 먼 우주에서 오는 전파신호를 추적, 외계의 지적 생명체를 찾기 위한 프로젝트. 1960년 드레이크가 SETI(Search for Extra-Terrestrial Intelligence) 프로그램을 시작한 이래 60여 개의 SETI 프로젝트가 진행되었다.

▶ 성간 공간에 진입한 보이저 1호. 적어도 10억 년 이상 아무런 방해도 받지 않고 우리은하의 중심을 돌 것이다.

라는 기록을 세웠다.

1977년 지구를 떠난 이래 운행을 계속하고 있는 보이저 1호는 2017년 9월 5일 만 40년을 맞았다. 태양계를 벗어나 성간 공간으로 진입한 유일한 우주선인 보이저 1호는 2018년 1월 1일 현재 지구로부터 약 200억km 떨어진 우주공간을 날고 있는 중이다.

3개의 원자력 전지가 전력을 공급받고 있는 보이저 1호는 2020년경까지는 지구와의 통신을 유지하는 데 충분한 전력을 공급받을 수 있을 것으로 보이나, 2025년 이후에는 전력 부족으로 더 이상 어떤 장비도 구동할 수 없게 되고, 지구와의 연결선이 완전 끊어지게 된다. 그러나 보이저의 항해는 그후로도 여전히 계속될 것이다.

태양계를 벗어난 보이저 1호가 먼저 만나게 될 천체는 혜성들의 고향 오르트 구름이다. 하지만 300년 후의 일이다. 이 오르트 구름 지역을 빠져나가는 데만도 약 30,000년이 걸린다. 그리고 약 70,000년을 더 날아간 후 보이저 1호는 18광년 떨어진 기린자리의 글리제 445별을 1.6광년 거리에서 지날 것이며, 그 다음부터는 적어도 10억 년 이상 아무런 방해도 받지 않고 우리은하의 중심을 돌 것이다.

외계의 지적 생명체와 조우할 경우를 대비해 보이저 1호에는 외계인들에게 보내는 지구인의 메시지를 담은 금제 음반도 싣고 있다. 이 음반의 내용은 칼 세이건이 의장으로 있던 위원회에서 결정되었는데, 115개의 그림과 파도, 바람, 천둥, 새와 고래의 노래와 같은 자연적인 소리와 함께 수록된 55개 언어로 된 지구인의 인사말에는 한국어도 포함되어 있다.

94 보이저 1호의 금제 음반에는 무엇이 실려 있나요?

A 지구와 인간에 대한 다양한 정보들이 실려 있다. 그중에는 외계인에 보내는 지구인의 인사말도 들어 있는데, 한국어 "안녕하세요?"도 포함되어 있다.

인간의 모든 신화와 문명에서 절대적 중심이었던 태양, 그 영향권으로부터 최초로 벗어나 호수와도 같이 고요한 성간 공간을 주행하고 있는 722kg짜리 인간의 피조물인 보이저 1호의 몸통에는 이색적인 물건 하나가 부착되어 있다. 지구를 소개하는 인사말과 영상, 음악 등을 담은 골든 레코드가 바로 그것이다. 혹시 있을지도 모를 외계인과의 만남을 대비해 지구를 소개하는 갖가지 정보를 담은 레코드다.

이 음반을 보이저 호에 동봉하자는 아이디어를 낸 사람은 〈코스모스〉의 저자인 천문학자 칼 세이건(1934~1996)이었다. 그는 일찍이 "이 우주에 지구에만 생명체가 존재한다면 엄청난 공간의 낭비"라고 말하며 외계인의 존재를 강력히 믿었다. 그리하여 그와 뜻을 같이하는 과학자들이 모여 지구를 대표할 수 있는 사진과 음악, 소리를 선정해서 '우리가 여기에 있다'는 메시지를 금제 음반에 담아냈던 것이다.

'지구의 소리(THE SOUNDS OF EARTH)'라는 제목을 가진 이 음반은 12인치짜리 구리 디스크로, 표면에 금박을 입힌 까닭으로 골든 레코드라는 별명이 붙게 되었다. 여기에는 지구를 대표할 음악 27곡, 55개 언어로 된 인사말, 지

구와 생명의 진화를 표현한 소리 19개, 지구 환경과 인류 문명을 보여주는 사진 118장이 수록됐다.

미세한 우주 먼지에 의한 손상을 방지하기 위해 재생기와 함께 알루미늄 보호 케이스에 보관되어 있는 보이저

▶ 골든 레코드와 보이저 1호. 골든 레코드는 보이저 1, 2호에 부착되었다. 보이저 1호는 지구에서 보면 태양 뒤쪽 방향의 우주공간으로 멀어져가고 있는 중이다. (NASA/JPL-Caltech)

레코드판의 수명은 약 10억 년으로 추산된다. 그리고 탐사체 몸통에 붙어 있는 안쪽 면의 수명은 우주의 수명과 맞먹는다고 한다. 보이저가 별이나 행성, 소행성 따위에 들이받지만 않는다면 골든 레코드의 수명은 거의 영원이라는 얘기다.

10억 년만 지나도 태양은 과열되기 시작해 지구의 바다를 증발시킬 것이며, 이윽고 지구는 숯덩이처럼 타버리고 말 것이다. 그래도 보이저는 인류가 한때 우주의 어느 한구석에 존재했었다는 흔적을 지닌 채 우리은하의 중심을 떠돌 것이다.

골든 레코드의 커버에는 기하학적인 형태의 그림으로 레코드 재생 방법이 설명되어 있다. 과학자들이 흥미롭게도 이러한 방법을 선택한 것은 이제껏 인류가 외계인과 소통해본 경험이 전혀 없고, 따라서 그러한 언어도 없기 때문이다.

인류는 여태껏 다른 종에게 자신의 존재를 설명해야 할 필요를 느낀 적이 없다. 인류는 지구에 거주하는 무수한 생명체 가운데 하나의 종이지만,

지구 행성에서는 물론이고 태양계 안에서도 자신과 비슷한 지적 수준을 지닌 생명체와 만난 적이 없다.

공유할 수 있는 정보가 전혀 없는 외계인과의 의사소통을 위해 과학자들이 선택한 방법은 이진법과 수소 원자를 이용한 것이다. 외계인이 우리처럼 손가락이 10개가 아니라면 10진법을 쓰기가 어렵다. 따라서 컴퓨터

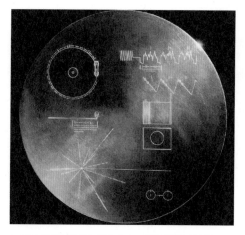

▶ 골든 레코드 표지에 실린 레코드 재생 방법을 설명한 그림.

에서 쓰는 이진법을 쓴다면 소통될 확률이 가장 높다. 이진법을 기본으로 해서 점의 개수와 기호를 대응시켜 숫자를 정의하고, 나아가 숫자의 변화에서 사칙연산을 정의한 다음, 각종 물리량 등을 서술할 때 써먹으면 된다.

수소원자는 시간 정의에 사용할 수 있다. 수소는 우주 어디서나 똑같다. 수소 원자의 전자 스핀이 바뀌는 시간, 곧 기본 전이 시간인 7억분의 1초를 한 시간단위로 삼는다면 우주 어디의 외계 지성체도 이해할 수 있다.

사진의 왼쪽 위에 있는 그림은 축음기용 레코드판과 그 위에 놓인 바늘이다. 바늘은 정확히 맨 처음 재생 위치에 놓여 있다. 판 둘레에 있는 부호들은 레코드판의 1회 회전 속도인 3.6초를 이진법으로 표기한 것이다. '1'이 1이고, '‐'이 2이다. 그 아래 그림은 판을 옆에서 본 모습이고, 이진 부호는 레코드판의 한 면을 재생시키는 데 걸리는 1시간을 뜻한다.

오른쪽 위의 그림은 녹음된 신호에서 사진을 재구성하는 방법을 보여준

다. 맨 위의 그림은 각 사진이 시작될 때 처음 나타나는 신호다. 이 신호들은 수직선으로 사진을 투사한다. 사진을 구성하는 선 1, 2, 3이 이진부호로 적혀 있고, 각 사진선의 지속시간이 8밀리초임이 표시되어 있다.

그 아래 그림은 사진이 수직선으로 그리는 방법을 보여주는 것이다. 사진의 전체 주사상으로 사진을 완성하려면 수직선 512개가 필요하다는 사실을 말하고 있다. 그 아래 원 그림은 레코드판에 실린 첫 사진을 재현한 것으로, 재현 방법을 확인시켜주기 위해 실은 것이다.

왼쪽 맨 아래의 그림은 펄서 지도다. 펄서란 짧고 규칙적인 전파 신호를 보내는 중성자별로, 빠른 속도로 자전하면서 0.033~3초의 값을 가진 일정주기로 펄스상※ 전파를 방출한다. 펄서마다 전파 방출시간이 각기 다르기 때문에 해당 천체의 지문으로 사용할 수 있다.

그림은 태양계 주변에 있는 14개의 펄서로 보이저가 출발한 태양계의 위치를 나타낸 것이다. 방사선에 표시되어 있는 이진부호는 각 펄서의 정확한 맥동주기다. 외계인이 있다면 각 펄서의 맥동주기를 함수로 계산한다면 은하 속 태양계의 위치를 잡아낼 수 있다.

맨 아래 오른쪽 그림은 스핀이 바뀐 두 개의 수소원자를 나타낸다. 에너지가 가장 낮은 상태의 두 수소원자를 잇는 가로 선과 숫자 1은 수소원자의 전이 시간을 기본 시간단위로 사용하겠다는 뜻이다.

이 그림들이 새겨진 레코드판 덮개에는 순수한 우라늄 238이 지름 2cm 크기로 전기도금되어 있다. 우라늄을 방사성 시계로 쓰기 위해서다. 우라늄의 반감기는 약 45억 년이다. 따라서 만약 외계인이 이 레코드판을 입수한다면 우라늄 반점 안에 든 딸원소의 양을 측정해서 보이저의 나이를 알아낼 수 있을 것이다.

95 우주복을 입지 않고 우주공간에 나서면 어떻게 되나요?

A 만약 우주복 없이 우주로 내동댕이쳐졌다면 어떤 일이 벌어질까? 좀 끔찍한 일이긴 하나, 영화에서 충분히 나올 수 있는 장면이다. 일단, 당장 폭발하거나 죽지는 않는다.

우리 몸은 1기압이고 우주공간은 0기압이지만, 인체가 의외로 튼튼하여 이 정도 기압차로는 당장 무슨 일이 일어나지는 않는다. 몸의 어느 부분이 돌출하거나 찢어지거나, 안구돌출 같은 것도 없지만, 눈의 모세혈관 같은 것은 터질 수 있다.

NASA에서 지원자를 대상으로 진공 감압실험을 해본 결과, 그런 대로 견딜 만했다고 한다. 다만 몇 가지 사실이 밝혀졌는데, 물속에서는 숨을 참을 수 있지만 진공에서는 불가능하다는 것, 10명 중 8명은 방구가 나온다는 것 정도다.

우주공간에서 사망의 직접적인 원인은 저압으로 끓는점이 낮아 체액이 끓어오르고 증발하여 질식하는 것이다. 1965년 존슨 우주센터 우주복 실험관인 짐 르블랑이 우주복이 찢어지는 사고를 당했는데, 우주인은 14초간 의식을 유지했고, 사고 발생 후 15초에 압력을 높인 결과 후유증 없이 회복할 수 있었다.

NASA는 60년대에 침팬지와 개 등 동물을 이용해 진공에서 얼마나 생존할 수 있는지 실험을 했는데, 10초에서 15초 동안은 의식이 있으며, 최대 90초까지 심각한 상처를 입지 않고 생존할 수 있다는 결론이 내렸다. 따라서 짧은 시간 우주에 노출되었다면, 그 우주인을 구조해서 살리는 것이 가능하다는 얘기다.

실제로 잘 훈련받은 사람이 우주복 없이 우주공간으로 나갈 경우, 1분 정도는 생존 가능하다고 한다. 잠시 견딜 만한 건 아직 피에 산소가 남아 있어 뇌가 정상작동하기 때문이다. 하지만 몇 초 후 산소가 소진되면 피부가 파랗게 변하고 의식을 잃고 사지경련이 일어난다. 뒤이어 체액이 끓고 질식하여 숨지게 된다.

우주복은 산소와 압력을 공급할 뿐만 아니라, 유해한 자외선과 방사선을 막아준다. 유해 광선들을 제대로 막아주지 못하면 화상과 유전자 변이, 암 발생으로 이어질 수 있다. 우주복을 입은 채 우주에 떨어졌다고 하더라도 살 수 있는 시간은 7시간 정도밖에 안된다. 우주복의 산소 공급장치 용량이 7시간분이기 때문이다. 지구의 산소공급 용량은 수십억 년분이지만, 영화 〈그래비티〉에서 샌드라 블록을 구하고 대신 우주 속으로 사라진 조지 클루니는 7시간 뒤에 죽음을 맞았을 것이다.

결론은, 우주복을 입지 않고 우주공간에 떨어진다면 대단히 공포스럽고 정신이 아뜩해지겠지만, 그렇다고 당장 치명상을 입거나 의식을 잃지는 않는다는 것이다. 그렇다 하더라도 혹시 기회가 생겼다고 맨몸으로 우주공간에 덤벙 뛰어들진 말기 바란다.

사람이 우주에서 살 수 있나요?

A 지금도 우주에서 살고 있는 사람들이 있다. 지상 400km 궤도에서 90분 만에 지구를 한 바퀴씩 도는 국제우주정거장(ISS)의 우주인들이 그 주인공이다. 2008년 4월 우리나라 최초의 우주인 이소연이 이곳에서 머물면서 과학실험을 수행하기도 했다.

인류는 1971년 이래 저지구궤도에서 유인 우주정거장을 운영해오고 있기 때문에 인간이 우주에서 살게 된 것도 벌써 40년이 넘은 셈이다. 그러나 우주에서의 생존에는 수많은 제약들이 따른다. 생존 필수품을 들자면, 공간, 공기, 물, 식량, 온도 등 생명유지 환경이 모두 인공적으로 갖추어져야 비로소 사람이 살 수 있다.

▶ ISS의 미국 우주인 스콧 켈리. ISS에서 340일 최장 체류 기록을 세웠다. (NASA)

그래도 무중력만은 어쩔 수가 없다. 지구의 중력가속도와 우주선의 가속도가 정확히 균형을 이루어야만 지구궤도를 돌 수 있는 만큼 우주선 안은 무중력 상태일 수밖에 없다. 이것이 사람 몸에 많은 문제를 일으킨다.

의학적으로는 중력이 약한 곳에 장시간 있으면, 뼈의 중량이 줄고 근육이 위축되고 심혈관계에 커다란 변화가 일어난다. 러시아 우주비행사가 70년대에 미르 우주정거장에 100일 머문 후 지구로 돌아왔을 때, 몸이 아주 망가져서 조금만 더 있었다면 회복이 불가능해졌을 정도였다고 한다. 지금은 무중력 적응 기술이 많이 발전하여 러시아 우주비행사 발레리 폴랴코프는 1995년 미르에서 438일 연속체류 기록을 세웠다.

현재도 국제우주정거장에서 장기체류 실험이 이루어지고 있는데, 처음에는 6개월 체류에서 출발해 차츰 1년까지 늘려가고 있는 중이다. 이는 화성까지 가는 데 7개월이 걸리기 때문에 장기간 우주비행에서 나타날 수 있는 문제점들을 미리 파악하기 위한 것이다. 지금까지 ISS에서 세운 최장 체류기록은 미국 우주인 스콧 켈리의 340일이다.

가장 철학적인 천체사진
– 창백한 푸른 점(Pale Blue Dot)

"죽음 앞에서도 저의 신념엔 변화가
없습니다. 저는 이제 소멸합니다.
저의 육체와 저의 영혼 모두 태어나
기 전의 무로 돌아갑니다.
묘비에서 저를 기릴 필요 없습니다.
저는 어디에도 없습니다.
다만, 제가 문득 기억날 땐 하늘을
바라보세요."

– 칼세이건

▶ '창백한 푸른 점'. 1990년 2월 14일 보이저 1호
가 명왕성 궤도에서 찍어 보낸 지구 사진이다.

내가 존경해 마지않는 천문학자 칼 세
이건 님이 인류에게 선물한 것이 하나
있다. 바로 보이저 1호가 명왕성 궤도
에서 찍어보낸 지구 사진이다. 반대도
많았지만 세이건 박사가 우겨서 찍은
사진이란다. 가장 철학적인 우주 사진
을 하나 꼽으라면 나는 단연 이 사진을 내세우고 싶다. 이 사진을 보면 우주 속에 떠
있는 한 점 티끌임이 절실히 느껴진다. 어설픈 번역이지만, 세이건 박사의 소감을 한
번 들어보자. 거의 시 수준이다(문단 가르기는 임의로 했다).

다시 저 점을 보라.
저것이 여기다. 저것이 우리의 고향이다. 저것이 우리다.
당신이 사랑하는 모든 사람들, 당신이 아는 모든 이들,
예전에 그네들의 삶을 영위했던 모든 인류들이 바로 저기에서 살았다.

우리의 기쁨과 고통의 총량, 수없이 많은 그 강고한 종교들,
이데올로기와 경제정책들,
모든 사냥꾼과 약탈자, 영웅과 비겁자, 문명의 창조자와 파괴자,

왕과 농부, 사랑에 빠진 젊은 연인들, 아버지와 어머니들,
희망에 찬 아이들, 발명가와 탐험가, 모든 도덕의 교사들,
부패한 정치인들, 모든 슈퍼스타, 최고 지도자들,
인류 역사 속의 모든 성인과 죄인들이 저기
—햇빛 속을 떠도는 티끌 위—에서 살았던 것이다.
지구는 우주라는 광막한 공간 속의 작디작은 무대다.
승리와 영광이란 이름 아래, 이 작은 점 속의 한 조각을 차지하기 위해
수많은 장군과 황제들이 흘렸던 저 피의 강을 생각해보라.
이 작은 점 한구석에 살던 사람들이,
다른 구석에 살던 사람들에게 보여주었던 그 잔혹함을 생각해보라.
얼마나 자주 서로를 오해했는지, 얼마나 기를 쓰고 서로를 죽이려 했는지,
얼마나 사무치게 서로를 증오했는지를 한번 생각해보라.

이 희미한 한 점 티끌은 우리가 사는 곳이
우주의 선택된 장소라는 생각이 한갓 망상임을 말해주는 듯하다.
우리가 사는 이 행성은 거대한 우주의 흑암으로 둘러싸인
한 점 외로운 티끌일 뿐이다.
이 어둠 속에서, 이 광대무변한 우주 속에서
우리를 구해줄 것은 그 어디에도 없다.

지구는, 지금까지 우리가 아는 한에서 삶이 깃들일 수 있는 유일한 세계다.
가까운 미래에 우리 인류가 이주해 살 수 있는 곳은 이 우주 어디에도 없다.
갈 수는 있겠지만, 살 수는 없다.
어쨌든 우리 인류는 당분간 이 지구에서 살 수밖엔 없다.

천문학은 흔히 사람에게 겸손을 가르치고 인격 형성을 돕는 과학이라고 한다.
우리의 작은 세계를 찍은 이 사진보다 인간의 오만함을
더 잘 드러내주는 것은 없을 것이다.
이 창백한 푸른 점보다 우리가 아는 유일한 고향을 소중하게 다루고
서로를 따뜻하게 대해야 한다는 자각을
절절히 보여주는 것이 달리 또 있을까?

[유튜브 검색어 ▶ 창백한 푸른 점]

97 국제우주정거장은 뭐하는 곳인가요?

A 지구궤도에 우주정거장을 띄우는 목적은 지구상에서는 불가능한 무중력 상태에서 하는 과학실험과 우주관측, 그리고 장기간에 걸친 우주여행에서 나타날 수 있는 문제점 발견과 그에 대한 적응훈련 등을 하기 위한 것이다.

또한 우주정거장은 사람이 우주공간으로 진출하기 위한 전초기지 역할도 맡고 있다. 지구에서부터 우주정거장까지 사람이나 기자재를 우주왕복선으로 옮긴 뒤, 이곳에서 다시 정비하여 본격적인 우주항행에 나서게 된다. 따라서 우주정거장은 사람이 반영구적으로 생활해야 하기 때문에 대개 대형 구조물이 된다. 우주정거장은 주요 추진장치와 착륙설비가 없다는 점에서 우주선과 구분된다. 대신, 다른 우주선들이 우주정거장에 승무원과 화물을 싣고 나른다.

국제우주정거장(ISS)은 러시아와 미국을 비롯한 세계 각국이 참여하여 1998년에 건설이 시작되어 현재는 완공된 다국적 우주정거장으로, 최소한 2020년까지는 운영될 계획이다. ISS는 부피가 약 1,000m³, 무게가 약 400톤, 구조물 길이 108m, 모듈 길이 74m이며, 6명의 승무원이 생활할 수 있다. 지상에서 육안으로도 볼 수 있다.

2001년 미르가 궤도를 이탈한 이후, 현재 운용 중인 우주정거장은 국제우주정거장(ISS)과 2011년 9월 발사된 중국의 텐궁天宮 1호뿐이며, 이전에는 살류트 시리즈, 스카이랩, 미르 등이 있었다.

그런데 텐궁 1호가 2016년 9월 '기계·기술적 결함' 때문에 통제불능 상태에 빠졌다는 사실이 밝혀졌다. 미국의 아마추어 우주전문가가 관측을 통해 이 같은 사실을 밝히기 전까지도 중국측이 내내 쉬쉬하는 바람에 눈살

▶ 국제우주정거장. 러시아와 미국을 비롯한 세계 각국이 참여하여 1998년에 건설이 시작되어 현재는 완공된 다국적 우주정거장이다. (NASA)

을 찌푸리게 했다. 톈궁 1호는 2018년 4월 2일 태평양 칠레 서쪽 해상에 추락했다. 당시 지구 어딘가로 '위험한 추락'을 하게 된다는 전망으로 세계인이 공포에 떨었는데, 다행히 인명피해 없이 상황이 종료되었다.

궤도상의 파편이 인공위성에 충돌할 수 있나요?

A 우주에서 일어날 가장 확률 높은 사건이 우주 파편과의 충돌이다. 스페이스 셔틀에 크기 1mm 정도의 물체가 충돌한 적도 있다. 1995년 11월, 화물실 문에 부딪친 길이 2cm, 깊이 6mm의 홈을 조사해본 결과, 초속 5km로 이동하고 있는 전자회로 집판의 단면이 부딪친 흔적임이 밝혀졌다. 만약 충돌 때 문짝이 열려 있었다면 이 파편이 화물실의 산소 탱크에 부딪쳐 폭발할 수 있었다고 한다.

▶ 우주 쓰레기. 지구 정지궤도의 쓰레기들과 지구 근처를 덮고 있는 저궤도의 쓰레기들. (wiki)

우주 쓰레기에는 수명이 다 되어 기능이 정지되었거나 사고나 고장으로 제어되지 않는 인공위성부터 위성 발사에 사용된 로켓 본체와 그 부품, 다단 로켓의 분리로 생긴 파편, 파편끼리의 충돌로 생긴 작은 파편, 나아가 우주비행사가 떨어뜨린 공구와 장갑, 부품까지 포함된다.

옛 소련의 스푸트니크 1호 발사 이래 세계 각국에서 4,000회가 넘는 발사가 이루어지면서 폭발적으로 불어난 우주 쓰레기 양은 2014년 기준으로, 지름 10cm를 넘는 것이 23,000개 이상, 지름 1cm를 넘는 것을 모두 합하면 50만~60만 개가 넘는다고 한다.

미국, 러시아, 중국 등이 추진하고 있는 미사일 방어계획도 우주 쓰레기 양산에 일조하고 있다. 1968년부터 1986년 사이에 미국과 러시아는 20회 이상의 위성요격 무기시험을 시행한 것으로 알려지고 있는데, 우주에서 미사일이 부서져 만들어진 잔해는 이미 그곳에 있는 우주 쓰레기나 인공위성과 부딪혀 더 많은 쓰레기를 만들어냈다.

우주 쓰레기의 속도는 지구 중력에 의해 떨어지지 않고, 궤도 밖으로 벗어나지 않는 초속 7.9~11.2km 사이를 유지한다. 이 가공할 속도 때문에 조그만 파편 하나가 우주선이나 인공위성을 파괴시킬 수 있다. 뿐만 아니라 어쩌다 지상으로 추락하면 인명을 위협할 수도 있다. 실제로 미국 오클

라호마에 살던 한 여성은 델타 로켓의 연료탱크 파편에 어깨를 다치기도 했고, 2006년 궤도를 이탈한 러시아의 정찰위성이 태평양 상공으로 떨어지면서, 때마침 270명의 승객을 태우고 비행 중이던 라틴 아메리칸 에어버스를 아슬아슬하게 비켜간 사건도 있었다.

다행히 아직까지 인공위성의 기능이 손상될 정도의 충돌사고는 없었다. 〈사이언스〉지 발표에 따르면, 우주 쓰레기의 대부분은 인공위성 고도인 800~1,000km에 몰려 있다. 고도 350km 이상인 ISS 등에 당장은 위협적이지 않다는 얘기다. ISS의 경우 지상 레이더로 쓰레깃더미가 가까이 다가올 조짐이 관찰되면 ISS의 고도를 수시로 조정할 수 있다.

우주 쓰레기의 처리 문제를 두고 갖가지 방법들이 고안되고 있으나 아직까지 실행에 옮겨진 것은 없다. 현재 위성과 우주 쓰레기 문제를 가장 많이 파악하고 있는 나라는 미국이다. 미 국방부는 광학망원경과 레이더를 통해 위성은 물론, 길이 10cm 이상의 우주 쓰레기 18,000개를 목록에 올려 추적하고 있다.

99 │ 허블 우주망원경은 무슨 일을 했나요?

A 과학장비 중 허블 우주망원경보다 유명한 것은 없을 것이다. 1990년 4월 25일 디스커버리 우주왕복선에 실려 지구 상공 610km 궤도에 올려진 이후, 한 세대가 넘도록 우주를 보는 인류의 눈이 되어준 허블 망원경이 이룩한 업적은 이루 헤아릴 수가 없다. 우주관측의 역사는 허블 망원경 이전과 이후로 확연히 구분될 정도다.

당초 과학자들이 예상한 수명은 15년이었지만, 그것을 20년이나 훌쩍

▶ 허블 우주망원경. 1990년 4월 25일 디스커버리 우주왕복선에 실려 지구 상공 610km 궤도에 올려진 이후, 한 세대가 넘도록 근무하고 있다. 2021년 6월까지 또다시 근무 연장에 들어갔다. (NASA)

넘긴 지금까지 허블 망원경은 우주의 신비를 촬영하고 있다. 지금까지 지구로 보내온 사진만도 150만 장이 넘는다. 이를 바탕으로 학자들이 발표한 논문은 12,000건을 웃돈다.

망원경을 우주에 올리자는 아이디어는 최초의 인공위성이 발사되기 10년도 더 전에 나왔다. 제안한 사람은 미국의 천체물리학자 라이먼 스피처(1914~1997)였다. 1946년, 천체관측에 가장 큰 장애물인 대기의 방해를 받지 않고 더 넓은 파장을 관측하기 위해서는 우주로 망원경을 올릴 수밖에 없다고 생각하고 그 실행을 제안했던 것이다.

그의 꿈은 거의 반세기 뒤에 결실을 보았다. 최초의 우주망원경에 허블이란 이름이 붙여진 것은 우주팽창을 발견한 20세기 천문학의 영웅 에드윈 허블(1889~1953)을 기리기 위함이다.

허블은 64살 때 팔로마산 천문대의 지름 5m의 거대망원경 앞에서 며칠밤을 새워 관측할 준비를 하던 중 심장마비로 숨졌는데, 희한하게도 그의 부인이 장례식과 추도회를 모두 거부하고 남편의 유해를 어떻게 처리했는지에 대해서도 입을 다무는 바람에 그가 어디에 묻혔는지도 알 수 없다. 그래서 허블을 추도하려면 우주의 허블 망원경을 우러러볼 수밖에 없게 되었다.

허블 망원경은 가시광선뿐 아니라 자외선 영역까지 관측할 수 있어 지금까지 이룩한 과학적 성과는 일일이 꼽기 어려울 정도다. 허블 망원경의 큰 공로 중 하나는 우주의 나이를 추정하는 범위를 크게 좁혔다는 것이다. 기존에 천문학자들은 우주의 나이를 100억 년에서 200억 년 사이일 것으로 봤다. 허블 망원경이 밝힌 우주의 나이는 137억 년이었다. 이 우주 나이는 그후 플랑크 위성이 우주배경복사를 세밀히 관측한 끝에 138억 년으로 약간 수정되었다.

또 허블은 심우주의 초신성 관측으로 우주의 팽창속도가 점점 빨라지고 있다는 사실도 발견했다. 기존에는 우주의 팽창이 점점 느려질 것으로 여겨졌지만, 우주가 시간이 지날수록 그 크기가 더 빠르게 커지는 가속팽창을 하고 있다는 것을 포착한 것이다.

그뿐 아니다. 1960년대에 이론물리학자들이 가능성을 제시했지만 대부분의 사람은 공상소설에나 등장할 것이라고 믿었던 블랙홀이 실제 존재한다는 사실도 허블을 통해 확인되었으며, 우주가 암흑 에너지로 꽉 차 있다는 것을 발견한 것도 허블이었다. 그야말로 우주론을 새로 정립한 셈이다.

허블은 또 인류가 볼 수 있는 가장 먼 우주를 촬영하는 데도 성공했다. 이를 허블 딥 필드라고 한다. 허블 딥 필드는 저 멀리 보이는 우주에 수천 개의 은하가 존재하고 우주 초기에 만들어진 은하는 일반적으로 알려진 은하보다 크기가 작고 모양도 불규칙한 것이 많다는 사실을 보여줬다. 이는 은하 생성 과정을 이해하는 데 중요한 실마리가 됐다. 이후 촬영된 허블 울트라 딥 필드는 1만 개의 은하를 포착하기도 했다.

2010년 NASA와 유럽우주국(ESA)에서는 허블 발사 20주년을 기념하여 그동안 허블 망원경으로 찍은 사진들을 공개했다. 그리고 NASA의 전문가들이 고른 100개 이상의 사진과 저명한 과학자들이 덧붙인 설명을 담은 책 〈Hubble: A Journey Through Space and Time〉이 출간되었다. 그리고 2015년 4월 말, 관측 25주년을 맞는 허블 우주망원경을 기리기 위해 과학 학술지 〈네이처〉에서 허블이 찍은 '가장 아름다운 우주 사진' 10점을 공개했다.

원래 수명을 약 15년 정도로 예상했던 허블 우주망원경은 지난 1993년 막대한 비용을 들여 수리를 한 이래 1997년, 2002년, 2004년, 2009년 등 총 다섯 차례에 걸쳐 대대적으로 손본 덕분에 예상수명을 20년 이상 훌쩍 넘긴 지금까지 왕성한 현역생활을 하고 있다. NASA는 허블 우주망원경의 활동을 2021년 6월 30일까지 연장한다고 공식 발표하고, 은퇴 후 회수해서 스미소니언 박물관에 전시할 예정이라 한다.

허블 우주망원경의 후계자는 제임스 웹 우주망원경(JWST)이다. 사람을 달에 보낸 아폴로 프로그램에서 중심적인 역할을 한 제임스 웹(1906~1992)의 이름을 땄다. 공식적으로는 허블의 후계자지만 관측영역이 주로 근적외선에 집중돼 있어 스피처 우주망원경의 대체 역할까지 한다. 구조도 독특하다. 단일 반사경인 허블 망원경과 달리 6각형 모양의 거울 18개가 모여 지름 6.5m짜리 주반사경을 이룬다. 2021년 접힌 채로 발사돼 우주에 올라간 뒤에 펴진다.

허블 망원경보다 성능이 100배 뛰어난 제임스 웹 망원경은 제작비만도 9조 원에 이른다. 그러나 허블보다 6배나 큰 거울을 장착한 JWST가 보여줄 우주의 모습은 더욱 경이로울 것이다. 오로지 우주를 알고자 하는 지적 탐구를 위해 막대한 비용을 투자하는 선진국을 보면 경제적 이익을 위한 우주개발에만 눈길을 주는 우리 처지가 참으로 초라해 보이기까지 한다.

A 제2지구 또는 슈퍼 지구라고 불리는 외계행성을 열심히 찾고 있는 중이지만, 아직까지 확실한 후보를 확정하지는 못하고 있다. 하지만 NASA가 지금까지 찾은 유력 후보들 중에서 생명 서식 가능성이 가장 높은 외계행성들을 선정해서 발표한 것은 있다.

외계행성 사냥에 나선 첨병은 지난 2009년 NASA가 발사한 케플러 망원경이다. 짧은 기간 동안 외계행성 탐사에 수많은 신기록들을 세워온 케플러 망원경이 2015년 10월 기준으로 뽑아낸 계산서 내용은 다음과 같다. 306,604개의 별을 관측하고 4,601개의 외계 행성 후보를 찾아냈다. 그중에서 외계행성으로 확인된 것만도 1천 개가 넘는다. 아직 확인을 기다리는 후보는 모두 4천여 개에 달한다.

4천 개의 외계행성 중 생명체가 서식할 가능성이 가장 높은 후보 행성 20개를 선정해 집중적인 탐사를 한 NASA 과학자들은 여기에는 생명 유지에 필수적인 액체 상태의 물을 가지고 있는 것을 가장 중요한 조건으로 보고 있다.

샌프란시스코 주립대학의 물리학자들이 이끄는 연구진은 케플러 망원경이 발견한 제2지구 목록 속에서 생명서식 가능성이 가장 높은 외계행성에 대해 면밀한 검토작업을 거친 끝에 모항성의 둘레를 공전하는 216 케플러 행성이 물이 액체 상태로 존재하는 생명 서식 지역(골디락스 존) 내에 위치해 있다는 사실을 발견했다.

물론 20개의 후보 행성들이 모두 생명 서식이 가능한 암석형 행성으로, 외계 생명체를 품고 있을 가능성이 가장 높은 행성들이다. 그중에는 케플러–186f, 케플러–62f, 케플러–283c, 케플러–296f 등이 포함되어 있다.

아울러 연구진은 케플러 망원경이 발견한 것으로, 모항성 둘레의 생명서식 지역에 있는 외계행성에 대한 가장 완벽한 목록을 작성했다. 이는 곧 이들 행성에 포커스를 맞추고 정말 생명체가 서식하고 있는가를 후속연구를 통해 밝혀낼 수 있게 되었음을 뜻하는 것이다. 이 연구는 이 우주에 생명 서식 가능 지역에 존재하는 행성과 위성들이 얼마나 존재하는가를 아울러 밝혀줄 것으로 과학자들은 기대하고 있다.

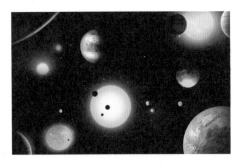

▶ 케플러 망원경이 외계행성을 찾는 방법은 특수 광도계를 이용하는 것이다. 외계행성이 모항성 앞을 지나며 가릴 때 나타나는 광도 변화를 탐지해 행성을 찾아낸다. (그림/NASA)

▶ 지난 3년 동안 4,000개의 외계행성을 발견한 케플러 망원경. (NASA)

연구자들은 행성을 작은 암석형 행성과 큰 가스체 행성으로 분류하는데, 이번에 특정된 20개 후보 행성들은 아주 엄격한 조건을 갖춘 것으로, 우리 지구와 흡사한 암석형 행성들로 딱딱한 표면을 갖고 있으며, 생명 서식 가능 지역의 궤도를 돌고 있는 것들이다.

이 연구는 아울러 중요한 질문, 곧 우주에 생명은 얼마나 보편적인 존재인가, 그리고 우리 지구 같은 행성이 우주에 얼마나 있는가를 밝히는 참으로 기념비적인 연구가 될 것으로 연구진은 기대하고 있다.

그러나 엄밀히 생각해보면 제2지구의 발견과 인류의 이주 가능성은 별개의 문제라 할 수 있다. 이들 슈퍼 지구는 가까워야 10광년, 먼 것은 20~30광년 거리에 있다. 이는 우리 로켓으로 적어도 10만 년 이상 날아가야 하는 거리다. 인류가 아프리카를 탈출하여 오늘에 이른 시간이 7만 년인데, 과연 다른 외계행성으로 갈 수 있을까? 제2지구 찾기가 아주 효율성 낮은 보험에 드는 것이나 같다는 비판이 나오는 것은 이 때문이다.

천문학자 칼 세이건의 말마따나 우리는 당분간, 아니 어쩌면 영원히 이 지구에서 살아갈 수밖에 없을지도 모른다. 단언컨대, 이 광막한 우주 속 어디에도 우리 인류에게 지구보다 더 안락하고 아름다운 행성은 없을 터이므로.